2021 年度国家社科基金艺术学重大项目
"设计创新与国家文化软实力建设研究"
(21ZD25) 阶段性成果

U0594796

设计的博大
DESIGN ERUDITE

中国设计创新园区优秀典例系列研究

A Series of Studies on Excellent Examples of Chinese Design Innovation Park

蒋红斌 著

Hongbin Jiang

江苏凤凰美术出版社

图书在版编目（CIP）数据

设计的博大：中国设计创新园区优秀典例系列研究 /
蒋红斌著 . ——南京：江苏凤凰美术出版社，2025.1.
ISBN 978-7-5741-2062-4

Ⅰ . TB47

中国国家版本馆CIP数据核字第2024WK0233号

责 任 编 辑　唐　凡
责 任 校 对　孙剑博
封 面 设 计　焦莽莽
责 任 监 印　于　磊
责任设计编辑　赵　秘

书　　　名　设计的博大
著　　　者　蒋红斌
出版发行　江苏凤凰美术出版社（南京市湖南路1号　邮编：210009）
印　　　刷　盐城志坤印刷有限公司
开　　　本　787 mm×1092mm　1/16
印　　　张　18.5
字　　　数　410千字
版　　　次　2025年1月第1版
印　　　次　2025年1月第1次印刷
标准书号　ISBN　978-7-5741-2062-4
定　　　价　88.00元

营销部电话　025-68155675　营销部地址　南京市湖南路1号
江苏凤凰美术出版社图书凡印装错误可向承印厂调换

内容简介

　　本书以国家级工业设计中心为主线,重点分析第三批获批的"大信家居集团"的设计建设机理与机制,从中国设计在企业如何发心、发力和发展的维度,呈现一个具有深度剖析产业体系和建设维度的典型类型案例。通过系统描述,呈现中国当代最典型且具示范意义的企业工业设计建设方略。

　　真实而客观地呈现当代中国工业设计企业在国家政策的号召下大胆规划、大力建设和大行其道的优秀事例,探索和凝聚出具有时代特色的设计跨文化建设模型,为设计作为赋能新质生产力的有力支撑而贡献研究典型。

致谢

中国工业设计协会专家工作委员会（简称专委会）、清华大学艺术与科学研究中心设计战略与原型创新研究所（简称研究所），自2010年以来以专题研究的方式考察和分析全国工业设计园区与地区经济、城市产业、人才发展之间的联结方式和推动机制。此书自2020年起由专委会与研究所发起的科研团队共同参与，对大信家居集团等做了详细的资料收集和梳理。

感谢专委会柳冠中教授、马春东教授对相关研究顺利开展的推荐；感谢大信家居集团庞学元董事长与夫人李电萍女士的鼎力相助，他们为研究团队提供详尽的大信系列博物馆讲解，激发设计研究者树立对中国传统文化与现代企业融合发展的自信心，并以创造力园区、数字生产共创模式推进中国企业数字与信息转型的决心；同时，感谢大信相关工作人员为团队研究中国传统文物和文化提供的详尽一手资料，这是中国发展特色设计创新园区的原始素材，将为更多中国企业找到发展战略的目标方向；最后，感谢参与本书的研究团队，有来自鲁迅美术学院的赵妍老师和李琳、马欣瑶、谭纳川和张璐瑶等同学们，以及清华大学美术学院的靳梦菲、刘馨忆和程思娴等同学。她们在赵老师的带领下出色且高效地完成了封面设计、图例设计、图文校对和相关的文案整理，保障了本书顺利按计划完成。由于团队的水平有限，同时设计领域与趋势日益变化，新知的融入需具体的分析和反思，书中不足之处恳请广大读者批评指正，从不同领域提供新的思路和见解。

前言

  中国设计创新园区优秀典例系列丛书的研究目标与国家十四五规划相对应，为落实工业设计省级和国家级工业设计中心建设的专题要求，通过优秀设计园区介绍呈现当代中国新质生产力的新生力量。本书围绕企业如何建立、建设和健全国家级工业设计中心为核心，分析当代中国企业创造力凝聚的榜样典例——大信家居集团（简称"大信"），深度洞悉大信如何将现代科技、数字经济、创新文化协同一体实现企业创新转型的同时，汇聚中华优秀传统文化为整个社会提供一个系统的、多维度、多层次的设计文化综合体验中心。通过观察、考察和体察大信有助于全社会了解和汇聚各种特色资源，结合自身平台，探索如何建设国家级工业设计中心的方略，为中国工业设计事业在企业中蓬勃发展贡献与时俱进的专题分析与工作指南。

  本书以企业国家级工业设计中心建设的典例为目标写作对象，放眼中国企业的未来发展战略，建设高品质、国际顶级工业设计中心势在必行，中心将驱动企业实现差异化创新研发与可持续发展战略。同时，未来企业的工业设计中心不仅用于融合先进科技与设计创新，还将作为用户体验的基地，其中，大信将文化园地、创造力园区、用户体验中心与智能工厂系统整合，以工业设计中心激活企业创新力。通过对大信总裁庞学元先生的访谈，洞察企业将启示：第一，引入工业文旅丰富工厂的使用途径，为拓展企业品牌文化输出方式和建立品牌文化自信提供新路径；第二，改善设计创新目标与用户需求目标"错位"，提升用户体验设计与建立用户"黏性"系统；第三，夯实自主软硬件研发能力，实现科技创新与设计创新并轨发展，为打造专精特新小巨人等国家示范型企业提供参考。

  大信以工业设计园区为载体，以国家级工业设计中心为企业设计研发源地，将企业硬实力——智能制造与企业软实力——文化传承形成凝聚，通过自主研发和设计创新为中国家居企业发展提供建设典例。本书以大信为范例，融合国内外家居领域优秀企业,解读企业如何通过设计创新形成国家新型工业化的表率,通过案例分析阐述现代企业打造创造力园区的内生途径。大信集家居卖场、设计园地、文化据点、创新基地和数字企业于一体,同时,其创新特色还在于不断思考符合中国用户需求的设计方案,即"中国方案",从中国文化寻找以"家"的概念去探索中国生活方式的古往今来,正因为此,探索当代中国企业创造力凝聚的方式可以以大信家居集团为榜样,作为国家"专精特新小巨人"企业,融合了现代科技、数字经济、创新文化、中华优秀文化典例分享的企业综合体。本书划分为三个单元分别对企业建设体验工厂(获取用户反馈和产品体验数据);企业提供艺术博览(支持学者研究生活家居文化、传承地域文化、融合世界文化);企业打造智能制造(建设数字生产、鼓励企业自主创新)。以上三个单元为中国企业发展工业设计提供宏观格局的、动态的、中国特色的、创造性的赋能策略。

与此同时,本书也是2021年度国家社科基金艺术学重大项目"设计创新与国家文化软实力建设研究"(21ZD25)阶段性成果。中国企业未来发展的特色竞争力构筑之中,文化因素将成为民族凝聚力和创造力的重要源泉,同时也成为国家综合国力竞争的重要因素。对发展中国家来说,文化是综合国力竞争中维护国家利益和安全的重要精神武器。大信致力于弘扬中国传统文化的创新力量,系列中国传统文化与艺术博物馆的相继建立有利于激发全民的设计创造活力,影响中国企业在全球范围的文化价值观输出,最终将提高国家文化软实力和文化国力。

本书的写作目的分为两个维度。第一维度是强化国家级工业设计中心作为中国企业发展工业设计的文化高地。大信通过国家级工业设计中心与创造力园地的建设,以文化为核心,形成了消费者(用户)、学者、产品设计师、产品销售人员、政府管理人员、企业管理人员、游客观光群体在大信汇聚,通过企业的文化艺术博物馆弘扬中国地域文化,展示中国传统生活文化与家居文化,同时,大信注重世界文化研究与智能制造的投入,多维度赋能企业创新力。大信将用户对产品的体验分解为三个层次,即用户体验、用户认同和用户共创,以未来理想家的概念邀请用户共同参与探索中国生活方式的古往今来,以此为定义未来中国人的家居观念。

第二维度是围绕国家工业与信息化部与中国工业设计协会专家工作委员会联合举办的中国·香山设计百人会(2023)展开深度研究。设计百人会以"推动设计强国,共话'中国方案'"为主题,本书延续会议思路以学术专著的形式,与企业领袖共同探讨工业设计中心高质量发展的创新路径,以及工业设计赋能产业的关键问题和途径,推进国家新型工业化进程。同时,设计百人会中提出"设计强国""设计强产""设计出海""设计强品""工业设计大赛管理机制"和"工业设计产教融合创新发展机制"六大议题,将结合书中的典型企业设计发展战略进行具体探讨。

综上所述,洞察大信的关键价值在于理解工业设计对企业创新力的激活作用,同时,工业设计是文化系统中的重要组成,将国家文化融于工业设计,将展示出中国工业设计的民族情结与责任使命感。工业设计既表现为物质、科技成果和审美价值的客观存在,也表现为价值观念、生活方式与意识的形态,因此,也是国家形象"软实力"的重要组成部分。在建设国家文化软实力体系的理论研究和实践探索过程中,发挥以工业设计创新为主导的"设计软价值"作用至关重要。工业设计创新是中国品牌出海和产品出海的赋能关键要素,是实现国家、企业和品牌跨文化输出的重要抓手,工业设计创新既折射出社会经济发展对设计创新的基本需求,又体现出以设计塑造和传递国家形象与社会主流价值观的重要意义。

目录CONTENTS

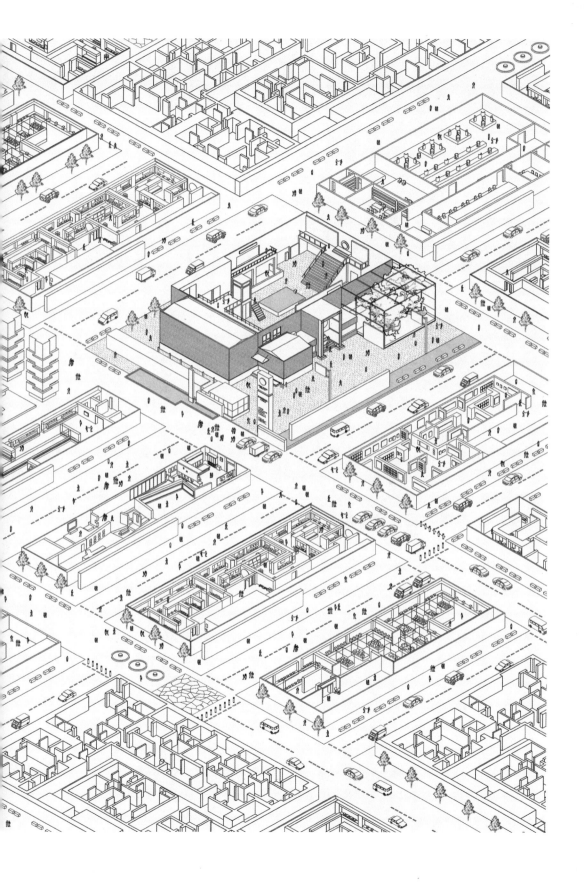

第一部分

体验工厂
——生活方式的牵引

设计的博大的第一层含义是指设计的包容性与感知力范围在逐步扩大,其社会影响多集中于参与设计的人员数量在递增,以大信家居集团为例,未来设计赋能企业创新的方式将继续围绕以生活与文化为创新中心建设的体验与博览。企业不但对目标用户细化分型,而且对整个社会的关怀力与感召力也需要设计带动。设计从生活方式入手引领用户共同探索未来生活的设计理念与体验路径,下沉式的企业经营模式将用户体验作为关键工作,提供多渠道的触点,让目标消费者与潜在用户都有机会走进企业、了解企业文化、建立企业信心。同时,许多企业将生产工厂部分对外开放成为产品的体验工厂,体验式的交流空间为用户开启对优质生活的期待,例如,大信的家居生活体验馆成为大信展示未来家居生活的博览馆。

中国企业未来可以参考大信主动式的用户调动模式,可以有效影响用户认知与行为,也可以作为接近潜在用户的方式,让未来企业更加敏锐关注用户市场的动向,同时,将生活文化作为企业转型升级与创新能力的内生逻辑,可以为更多企业分享经验。

现代企业将大众需求作为核心视角,在体验厂区提供企业对生活文化、产品品质的推广,通过工厂、博物馆、展示中心等成系列化体验场域搭建,与消费者共同思考生活形态研究的新路径。

第一章　体验目标群体的构成

EXPERIENCE THE COMPOSITION OF THE TARGET GROUP

1.1 选购人群

SELECTION OF PEOPLE

作为全书的开篇,需要从设计的角度展开对企业利益相关者的深刻理解,未来的工厂将实现从工业工厂向智造工厂再到人文工厂的三级跃迁,所以,对企业产品所涉及的利益相关者信息采集将成为企业工厂实现升维的关键。那么,打造人文工厂需要给更多潜在参与者提供接触设计创新的机会,于是,企业的工厂要定期整理选购人群、适用人群、研究人群和游览人群的动向,提取群体特征,为设计产品推广埋下伏笔。

"选购人群"是指有购买意愿和购买能力,并可能选择或购买某一特定产品或服务的人群。这个人群的范围非常广泛,可以根据不同的产品和市场进行细分。例如,智能手机的选购人群包括年轻人、技术爱好者、商务人士等。高端化妆品的选购人群可能包括有一定经济实力的女性、注重个人形象的人群等。消费者决策过程受到多种因素的影响,包括个人需求、社会环境和心理因素。通过理解消费者行为的原理,企业可以更有效地制定市场策略,满足消费者需求并增强品牌影响力。

在市场营销中,了解选购人群的特点和需求有助于企业制定更有效的产品策略、定价策略、推广策略等。企业可以通过市场调研、数据分析等方式了解选购人群的年龄、性别、收入、教育水平、消费习惯等信息,以便更好地满足他们的需求。选购人群和目标客户都是涉及产品或服务购买的群体,但它们之间有一些区别。选购人群更为广泛,它包括所有可能对产品或服务产生兴趣并有可能购买的人群。市场细分是制定有效营销策略的关键,它有助于企业识别并满足具有共同需求和特征的目标消费者群体。细分消费者不仅基于人口统计信息,还包括心理、行为和生活方式等多个维度。而目标客户则是企业在市场营销中重点关注的群体,是企业希望通过特定的营销策略和产品策略来满足其需求的群体。因此,可以说选购人群是一个更广泛的群体,而目标客户则是企业在市场

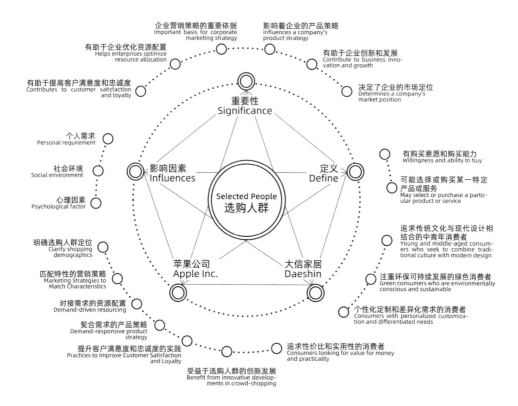

图1-1 选购人群的关键因素与企业群体对比

营销中重点关注并希望满足其需求的特定群体(图1-1)。

　　市场竞争日益激烈,企业要想在众多的竞争者中脱颖而出,实现可持续发展,就必须深入了解并精准定位自己的选购人群。选购人群的需求、偏好和购买行为直接影响着企业的销售业绩和市场占有率。

　　企业的市场定位是指企业根据自身的资源、能力和市场需求,确定自己在目标市场上的位置和竞争优势。选购人群作为市场的核心组成部分,直接影响着企业的市场定位。企业需要分析选购人群的年龄、性别、职业、收入、生活方式等因素,以了解他们的需求和偏好,从而确定企业的产品或服务应该满足哪些人群的需求,进而明确企业的市场定位。

企业的产品策略包括产品的设计、功能、品质、价格等方面。选购人群的需求和偏好直接影响着企业的产品策略。通过对选购人群的分析,企业可以了解他们对产品的期望和需求,从而设计出更符合市场需求的产品。同时,选购人群的消费能力和购买习惯也影响着企业的定价策略。企业需要根据选购人群的特点,制定合理的价格,以确保产品的竞争力。

　　企业的营销策略包括产品推广、渠道选择、促销手段等方面。选购人群的特点和需求是企业制定营销策略的重要依据。通过对选购人群的分析,企业可以确定最佳的推广渠道和促销手段,以提高产品的知名度和吸引力。同时,选购人群的购买行为和购买决策过程也为企业提供了重要的营销信息,帮助企业优化营销策略,提高营销效果。

　　企业的资源是有限的,如何合理分配资源,实现效益最大化,是企业经营管理的重要课题。通过对选购人群的分析,企业可以了解不同人群的需求和购买力,从而合理分配产品或服务的投放量,避免资源浪费。同时,选购人群的特点和需求也为企业提供了重要的市场信息,帮助企业预测市场趋势和变化,以便及时调整生产计划和经营策略。

　　客户满意度和忠诚度是企业持续发展的重要保障。通过对选购人群的分析,企业可以更加深入地了解他们的需求和期望,从而提供更加符合他们需求的产品和服务。这不仅可以提高客户满意度,还可以培养客户的忠诚度,为企业带来稳定的客源和口碑传播。

　　选购人群不仅影响着企业的市场定位、产品策略、营销策略等方面,还为企业优化资源配置、提高客户满意度和忠诚度、创新和发展提供了重要的支持和保障。因此,企业在经营管理过程中应该高度重视选购人群的分析和研究工作,以便更好地满足市场需求并实现可持续发展。

苹果公司作为全球科技巨头之一,其在产品设计、市场定位、营销策略等方面都有着独特的风格和优势(图1-2)。其中,苹果公司在确定选购人群方面所取得的成就尤为突出,为其带来了持续的市场竞争优势和丰厚的利润回报。苹果公司从创立之初就明确了自己的选购人群定位:追求时尚、品位独特、注重创新体验的高端消费者。这一人群通常具备一定的经济实力,愿意为高品质、高体验的产品支付更高的价格。苹果公司通过精准的市场调研和产品定位,成功地将这部分消费者锁定为自己的目标客户。此外,苹果公司通过独特的广告宣传、产品发布会、线上线下体验店等方式,为高端消费者提供了一个充满创新、时尚、品位的购物体验。此外,苹果公司还通过与时尚品牌、艺术家等跨界合作,进一步提升了其品牌价值和市场影响力。

　　为了满足选购人群对高品质、高体验产品的需求,苹果公司在资源配置方面也进行了相应的调整。苹果公司在产品研发、生产制造、供应链管理等方面投入了大量的人力、物力和财力,确保了其产品的品质和性能达到行业领先水平。苹果公司始终坚持以客户为中心的经营理念,通过深入了解选购人群的需求和期望,不断提升客户满意度和忠诚度。通过提供个性化的产品定制、优质的售后服务、丰富的产品线等方式,满足了不同消费者的多样化需求。同时,还通过举办用户见面会、开展用户调研等活动,加强了与消费者的沟通和互动,提升了消费者的品牌认同感和忠诚度。高端消费者对时尚、品位、创新体验的追求,为苹果公司提供了源源不断的创新动力。同时,高端消费者对于高品质、高性能产品的需求,也促使苹果公司不断提升自身的技术水平和生产能力。苹果公司不仅成功引领了市场潮流,还实现了自身的可持续发展。苹果公司在确定选购人群方面所取得的成功经验,为其带来了持续的市场竞争优势和丰厚的利润回报。这些成功经验不仅体现了苹果公司对市场的深刻洞察和精准把握,也展示了苹

图1-2 苹果公司的销售场景

果公司在产品策略、营销策略、资源配置等方面的卓越能力。对于其他企业来说,苹果公司的成功实践具有重要的借鉴意义,有助于指导其更好地确定选购人群并实现可持续发展。

同样重视选购人群口碑积累的大信家居集团,其特征在于将企业打造成为融合中华文化与先进制造的综合体品牌,其选购人群呈现出多样化和细分化的特点。不同的消费群体在选购大信家居产品时,会有不同的需求和偏好。追求传统文化与现代设计相结合的中青年消费者通常对中国传统文化有着深厚的感情,同时又希望家居设计能够符合现代审美和生活需求。他们喜欢大信家居融合中式元素和现代设计的产品,如中式风格的家具、融合了传统工艺和现代科技的智能家居产品等。这部分消费者注重产品的文化内涵和艺术价值,愿意为高品质、有特色的家居产品支付一定的溢价。

在迎合用户观念上,大信不断挖掘新机遇,例如,随着环保意识的日益增强,越来越多的消费者开始关注家居产品的环保性能和可持续发展。他们倾向于选择使用环保材料、低碳生产的家居产品。大信家居在生产过程中严格遵循环境处理标准,注重环保和可持续发展,因此深受这部分消费者的喜爱。人们对于商品的追求不再仅限于商品本身功能,更需要商品为其带来一个软名片的潜在内涵输出以及个性化表达。大信家居提供大规模个性化定制服务,能够满足这部分消费者对于个性化家居空间的需求。无论是色彩搭配、材质选择还是功能设计,大信家居都能够根据消费者的需求进行量身定制,打造出独一无二的家居产品。消费心理改变也是当今企业营销人员制定产品策略的立足点和出发点,也对企业现有的营销能力提出了更高的要求。

1.2 使用人群

PEOPLE WHO USE IT

在具体的应用场景中,设计者经常要划分用户层级以做出设计判断,许多产品的使用者与购买者不是同一群体,例如,采购办公家具的是某企业分管后勤部门的负责人,而真实使用家具的是企业员工。所以,选购人群和使用人群要根据具体权重判断其在设计中的建议。于是,本节着重展开多使用人群的分析。使用人群也可以称为目标用户群体,指的是使用或受益于某一特定产品或服务的人群。该群体对于任何形式的商业活动都至关重要,因为它为产品开发者、设计师、营销人员等提供了明确的需求方向,帮助企业避免资源浪费,确保资源能够集中在最有可能产生回报的市场细分上。了解使用人群是设计成功的关键,因为不同的用户有不同的需求和期望。在设计过程中,始终以用户为中心,可以确保产品的可用性和吸引力(图1–3)。

根据产品的差异,使用群体从儿童到老年人,不同年龄阶段的人群有着不同的需求和兴趣。例如,儿童可能对教育玩具和游戏感兴趣,而老年人则可能更注重健康、安全和便利性。设计涵盖服务要素,首先考虑的是用户的需求和期望。男性和女性在消费习惯、审美偏好和购买决策上往往存在差异。不同的职业和社会地位也会影响一个人的收入、生活方式和消费习惯。例如,高级白领可能更倾向于购买高端品牌,而学生群体则可能更注重性价比。不同地区和国家的人群有着不同的文化背景、气候条件和消费习惯。因此,地理位置是细分使用人群的重要因素之一。这些因素共同构成了一个人的心理和行为特征,对其购买决策产生深远影响。用户画像是设计师用来理解用户需求和行为的有力工具,通过创造具体、生动的人物形象,设计师能够更好地代入用户视角。

了解使用人群的需求和偏好可以帮助设计师创造出更符合用户需求的产品。例如,对于老年人市场,产品的人机交互界面设计需要考虑更大的字体、更简单的操作界面以及易于理解的用户指南;通过使用人群分析,企业可以制定更

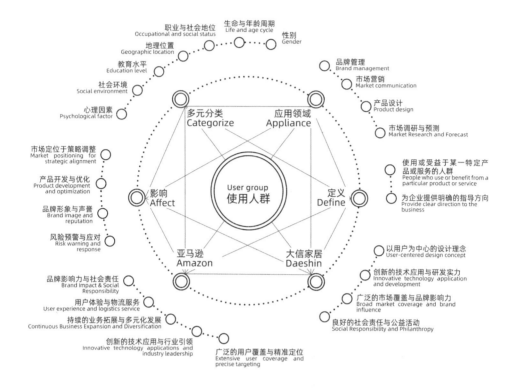

职业与社会地位
Occupational and social status

生命与年龄周期
Life and age cycle

性别
Gender

地理位置
Geographic location

教育水平
Education level

社会环境
Social environment

心理因素
Psychological factor

市场定位于策略调整
Market positioning for strategic alignment

产品开发与优化
Product development and optimization

品牌形象与声誉
Brand image and reputation

风险预警与应对
Risk warning and response

品牌影响力与社会责任
Brand impact & Social Responsibility

用户体验与物流服务
User experience and logistics service

持续的业务拓展与多元化发展
Continuous Business Expansion and Diversification

创新的技术应用与行业引领
Innovative technology applications and industry leadership

广泛的用户覆盖与精准定位
Extensive user coverage and precise targeting

多元分类
Categorize

应用领域
Appliance

影响
Affect

User group
使用人群

定义
Define

亚马逊
Amazon

大信家居
Daeshin

品牌管理
Brand management

市场营销
Market communication

产品设计
Product design

市场调研与预测
Market Research and Forecast

使用或受益于某一特定产品或服务的人群
People who use or benefit from a particular product or service

为企业提供明确的指导方向
Provide clear direction to the business

以用户为中心的设计理念
User-centered design concept

创新的技术应用与研发实力
Innovative technology application and development

广泛的市场覆盖与品牌影响力
Broad market coverage and brand influence

良好的社会责任与公益活动
Social Responsibility and Philanthropy

图1-3　使用人群的定义、应用领域、影响、多元分类及亚马逊与大信家居相关信息梳理

具针对性的营销策略,提高产品或服务的竞争力,包括广告定位、渠道选择、促销活动等。这有助于提高营销效果,降低营销成本;深入了解使用人群可以帮助企业塑造更符合目标市场的品牌形象,增强品牌忠诚度。通过对使用人群的调研和分析,企业可以了解市场的需求和趋势,从而做出更明智的决策。此外,使用人群分析还可以帮助企业预测市场变化,提前做好应对准备。使用人群分析是一个复杂而多元的过程,它涉及多个领域的知识和技能。在未来,随着技术的不断发展和市场的不断变化,使用人群分析将变得更加重要和复杂。因此,企业需要不断学习和更新知识,以适应市场的挑战和机遇。

　　企业可以通过市场调研、用户访谈等方式,收集使用人群对产品或服务的意见和建议,从而不断改进和优化产品。这种以用户为中心的产品开发理念,有助于提高产品的用户体验和满意度，进而增强用户的忠诚度。随着市场的不断变化和用户需求的多样化，企业需要不断扩张市场、拓展新的用户群体。通过对使用人群的深入分析和研究，企业可以发现新的市场机会和潜在用户群体，从而为企业的多元化发展提供有力支持。用户为中心的设计过程始于对用户需求的深入理解，并通过迭代和测试来不断优化产品。

以亚马逊购物平台为例，作为全球最大的电子商务公司之一，其成功同样源于对使用人群的精准把握和出色的市场策略。亚马逊不仅吸引了大量的个人消费者，还成功吸引了众多企业和机构成为其商业客户。亚马逊的成功，首先来自于其广泛的用户覆盖和精准定位。作为一家电子商务巨头，亚马逊不仅吸引了全球数亿的个人消费者，还成功吸引了众多企业和机构成为其商业客户。这种跨越个人与企业的广泛用户覆盖，使亚马逊能够满足不同用户群体的多样化需求。通过用户数据的深入分析和挖掘，亚马逊能够准确识别用户的购物习惯、偏好和需求，从而为他们提供个性化的推荐和服务。这种精准定位不仅提高了用户的购物体验，也增加了用户的黏性和忠诚度。

其次，注重提供卓越的用户体验和高效的物流服务，亚马逊的网站设计和功能布局简洁明了，使用户能够轻松浏览和搜索商品。亚马逊还提供丰富的用户评价、问答和比较购物等功能，帮助用户做出更明智的购物决策。在物流服务方面，亚马逊推出了亚马逊物流服务，为卖家提供了一站式的仓储、配送和客户服务。这使得亚马逊的配送速度和服务质量都得到了极大的提升，为用户带来了更加便捷和高效的购物体验。其推出的AWS云计算服务，为全球数百万企业和开发者提供了强大的技术支持，推动了云计算和人工智能等领域的发展。

此外，亚马逊还在物联网、机器学习、自然语言处理等领域拥有世界领先的技术实力，不断推出创新的产品和服务。这些创新的技术应用不仅提升了亚马逊自身的竞争力，也推动了整个行业的发展和进步。通过不断引领技术创新和应用，亚马逊成功塑造了其在科技行业的重要地位。亚马逊在影视娱乐领域推出了 Prime Video 服务，为用户提供丰富的影视内容；在智能硬件领域推出了 Echo 智能音箱、Kindle 电子书阅读器等创新产品；在人工智能领域则通过 Alexa 语音助手等技术为用户提供更加智能化的服务。这些业务拓展不仅丰富了亚马逊的产品和服务线，也为其带来了更多的增长点。通过不断拓展新的业务领域，亚马逊成功实现了多元化发展，进一步增强了其市场竞争力和影响力。

综上所述，亚马逊之所以能够成为干得很好的企业之一，其成功来自于广泛的用户覆盖与精准定位、卓越的用户体验与高效的物流服务、创新的技术应用与引领行业发展、持续的业务拓展与多元化发展以及强大的品牌影响力与良好的社会责任等多个方面的综合优势。用户体验设计不仅仅是关于产品的外观和感觉，更是关于产品如何满足用户的需求和期望。

在使用用户体验数据建设方面，大信家居不仅从事整体厨房、全屋定制和家居消费品的设计研发、生产及销售环节中加以采集，还以模块化方式对数据进行整理并匹配用户使用需求加以输出。大信家居始终坚持"用心为全民设计"的理念，深入了解用户需求，提供个性化的家居定制服务（图1-4）。无论是1100平方的住房面积还是100平方的住房面积，大信家居均可为其提供全套的定制家具和厨房电器，且市场零售价总和不超过5万元。这种以用户为中心的设计理念，使得大信家居的产品在市场上备受欢迎。

大信家居在技术研发方面一直走在行业前列。公司发明了"易简"大规模个性化定制模式，推动了家居行业的产业革命。这一创新模式被评定为国家智能制造试点示范项目、国家服务型制造示范企业、国家级工业设计中心和国家高新技术企业。大信家居的发展模式被清华大学纳入中国工商管理案例中心，展

图1-4 用户使用

现了其强大的研发实力和创新能力。

　　大信家居的产品不仅在国内市场上备受欢迎,还受到了国际市场的认可。公司的品牌影响力逐渐扩大,成为家居行业中的佼佼者。2018年11月,大信家居更是入选在国家博物馆举行的"伟大的变革——庆祝改革开放40周年大型展",这进一步证明了其在家居行业中的重要地位。

1.3 研究人群

      设计的研究团队不仅要在高校中进行科研活动,更为关键的是如何与企业携手共同推进设计研究的价值与影响力。例如,对于工业设计的研究工作目前在高校和企业呈现出并驾齐驱的趋势,其中,高校的教师与本科、研究生团队形成理论研究与创意构想相融合的研究团队;而企业经过多年的设计实践经验积累,与国家级、省级和市级工业设计中心建设,在其内部形成融合自主创新和实践落地相结合的研究团体。更为关键的是,高校与企业的研究团队经常在具体项目中相互配合,发挥各自优势,为整个工业设计领域学术建设贡献力量。

      对于设计研究工作而言,通常会根据项目研究的类型,团队具体划分为以下几类:横向研究多为面向企业的设计实践,从中总结实战经验作为相关实践的指导性资源;纵向研究通常是指围绕某个学术领域垂直向下展开的专业性分析,通常以学术论文、专著成果和研究报告等作为结题方式,以此启发同类型研究。

      在商业世界中,企业所面对的研究人群不仅仅是简单的消费者集合,而是一个复杂、多元且不断变化的生态系统。理解并精准定位目标用户需要研究人群加以协助。相关研究会涉及从市场定位、产品开发、营销策略,到客户关系管理等层面。此外,研究人群的选择对于研究的信度和效度也是至关重要,以一般性的设计项目为例,研究团队的具体工作包含以下任务(图1–5)。

      1. 市场定位与研究人群

      市场定位是企业战略的核心,它决定了企业在市场中的位置,以及如何与竞争对手区分开来。研究人群在这一过程中扮演着至关重要的角色。企业需要深入了解其目标受众的需求、偏好和行为模式,以确定最有利的市场定位。例如,一家高端时尚品牌可能会选择富裕且追求个性化的消费者作为其研究人群。人群研究需要综合运用多种方法和技术,以全面、深入地了解研究人群的特征、行为和社会背景。

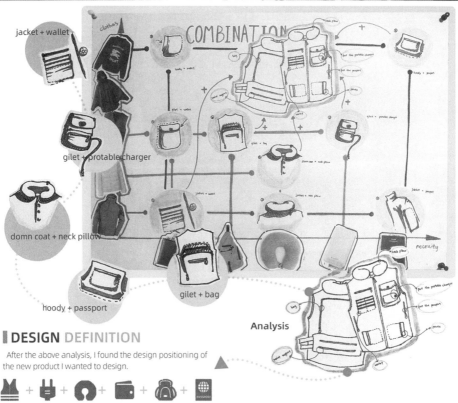

jacket + wallet

COMBINATION

gilet + protable charger

domn coat + neck pillow

hoody + passport

gilet + bag

Analysis

neceuity

▌DESIGN DEFINITION

After the above analysis, I found the design positioning of the new product I wanted to design.

▲

图1-5　研究团队的工作现场记录

16　设计的博大

客户关系管理与客户忠诚度
CRM and Customer Loyalty

营销策略与目标受众
Marketing Strategy and
Target Audience

数据驱动的决策与分析
Data-driven decision making
and analytics

产品开发与客户洞察
Product Development and
Customer Insight

动态调整与适应市场变化
Dynamic adjustment and
adaptation to market changes

市场定位与研究人群
Market Positioning and
Study Population

横断面研究
Cross-sectional study

应用
Application

在特定研究项目中被研究
或观察的一组人
Group of people being studied
or observed

纵向研究
Longitudinal study

分类
Categorize

定义
Define

根据研究的目的、主题
和方法被选择
Selected on the basis of the
purpose, theme and method-
ology of the study

实验性研究
Experimental research

Research group
研究人群

深入研究人群需求
In-depth study of population
needs

以顾客为中心的经营理念
Customer-centered business
philosophy

宝洁公司
Procter & Gamble

大信家居
Daeshin

个性化定制与产品创新
Personalization & Product
Innovation

尊重个体权利与尊严
Respect for individual
rights and dignity

智能制造与数字化转型
Smart Manufacturing & Digital
Transformation

产品与服务的创新
Product and Service
Innovation

人才激励机制
Talent incentives

品牌影响力与社会责任
Brand Impact and Social
Responsibility

图1-6　研究人群的定义、应用、分类及宝洁公司与大信家居相关信息梳理

2. 产品开发与客户洞察

产品开发是企业满足消费者需求的关键环节。在这一过程中,对研究人群的深入了解可以帮助企业识别市场中的机会和威胁,开发出更符合消费者期望的产品。通过收集和分析目标受众的反馈、使用习惯等信息,企业可以不断优化产品设计和功能,提升用户体验,从而增强市场竞争力。

3. 营销策略与目标受众

营销策略的制定需要紧密围绕研究人群的需求和偏好。通过对目标受众的细分、定位和传播策略的选择,企业可以确保营销信息能够精准触达潜在消费者。例如,针对年轻人群体,企业可能会选择社交媒体作为主要的营销渠道,而针对中老年人群体,则可能更依赖于传统媒体和线下活动。

4. 客户关系管理与客户忠诚度

在客户关系管理中,研究人群的理解同样重要。企业需要定期收集和分析客户的反馈、投诉和建议,以了解他们的需求和期望,从而不断优化产品和服务。通过提供个性化的客户体验、建立忠诚计划等方式,企业可以增强客户忠诚度,提高客户满意度,进而实现可持续发展。

5. 数据驱动的决策与分析

在数字化时代,数据成为了企业决策的重要依据。通过对研究人群的数据收集和分析,企业可以洞察市场趋势、消费者行为模式等信息,为决策提供支持。这包括利用大数据分析工具进行消费者行为分析、市场趋势预测等,以便更好地把握市场机遇和应对挑战。

6. 动态调整与适应市场变化

市场环境和消费者需求都在不断变化。因此,企业需要保持对研究人群的持续关注和分析,动态调整其市场策略和产品方向。这包括定期评估目标受众的变化、调整市场定位、优化产品功能等,以确保企业能够适应市场的快速变化并保持竞争力。

7. 道德与隐私问题

在研究人群的过程中,企业还需要注意道德和隐私的问题。收集和分析客户数据需要遵循相关法律法规,确保客户的隐私权益得到保护。同时,企业在使用客户数据时也应当遵循道德原则,确保数据的合法性和正当性,确保在研究人群的过程中遵循相关法律法规和道德原则。在未来随着市场的不断变化和消费者需求的不断演变,企业需要持续关注和研究其目标受众以适应市场的快速变化并保持竞争力。

　　以宝洁公司为例,作为一家拥有百年历史的全球知名企业,其成功在很大程度上源于对研究人群的深入理解和精准把握。其一,宝洁不仅在人力资源管理上注重人才激励机制的创新与完善,而且在产品开发和市场营销中也充分体现了对研究人群的关注与尊重。其二,宝洁公司非常重视人才的培养和激励。它坚信"得人才者得天下",因此投入大量资源构建了一套完善而创新的人才激励机制。这种机制不仅关注员工的物质需求,更重视员工的职业发展和精神满足。通过提供多元化的职业发展路径、丰富的培训资源以及公平的晋升机会,宝洁成功吸引了大量优秀人才,并激发了他们的创造力和工作热情。这种以人为本的管理理念,使得宝洁在激烈的市场竞争中始终保持领先地位。其三,宝洁公司在产品开发和服务创新上也充分体现了对研究人群的深入理解。始终坚持以消费者为中心,通过深入研究消费者的需求、偏好和行为模式,不断开发出符合市场需求的新产品和服务。例如,宝洁在护肤品领域推出的多款针对不同肤质和年龄段的产品,就充分体现了对消费者个体差异的尊重和满足。同时,宝洁还注重产品的品质和安全性,通过严格的质量控制和环保理念,赢得了消费者的信任和青睐。其四,宝洁公司通过对研究人群的深入理解和精准把握,在人才激励和产品创新等方面构建了强大的竞争优势。这种以人为本、以消费者为中心的经营理念不仅为宝洁赢得了市场的认可和消费者的信任,也为其长期发展奠定了坚实的基础(图1-6)。

　　同样重视设计研究的大信家居集团,其国家级工业设计中心内陆续建成的系列历史与现代艺术博物馆,为设计研究提供丰沃的一手资源。工业设计中心将历史文化与现代科技融合,形成可持续创新综合体与研发平台。庞总认为:"博物馆聚落成为大信文化园地的吸引力核心,博物馆成为了大信的系列'文创产品'辐射周边城市进行引流,社会效益明显。值得关注的是,大信的博物馆文化与企业文化深度绑定,对传统文化的研究为企业产品设计创新提供源源不断的机遇与启示,所以博物馆群落成为大信工业设计中心的创造力源泉。"当参观者进入中国传统文化系列博物馆后,通过了解中国生活方式的来龙去脉,以此加深对企业坚守中国文化传承的理解。

此外,大信根据不同的年龄、性别、地域、收入水平等因素,将消费者划分为多个细分群体。每个群体都有其独特的需求和特征,大信家居针对这些差异,提供了相应的产品和服务,确保了满足度的最大化,研究人群得到了全方位的需求洞察。大信不仅关注消费者的基本家居需求,还深入探索了他们对家居风格、材质、功能等方面的偏好。无论是整体厨房的设计,还是全屋定制的服务,大信都致力于满足消费者的个性化需求,为他们创造舒适、美观且实用的家居环境。大信的研究人群不断优化对设计的深度洞察与精准规划。这种以消费者为中心的经营理念不仅为大信家居赢得了市场的认可和消费者的信任,也为其长期发展奠定了坚实的基础。

1.4 游览人群

TOURISTS

　　未来的企业将尝试新的引流模式,企业内部的制造中心、产品博物馆、企业文化博物馆等将持续对外开放,吸引更多类型的游览人群走近企业。游览人群的范围非常广泛,一般来自不同地方、不同文化背景、不同年龄层次的群体,他们会因为某个特定兴趣、对文化或历史的了解或探索欲望、对休闲和娱乐的需求等原因形成聚集。游览人群的行为和体验不仅受到个人兴趣的影响,还受到他们与目的地文化之间互动的影响。

　　企业体验也是一次对人类工业文化的游览活动,吸引游览群体来到企业是对企业文化与产品品质的生动宣传(图1-7),在此之前,企业需要对游览群体的特点和需求进行初步了解,这有助于他们更好地规划和管理用户资源,提供更好的服务和体验,从而吸引更多的游览者接纳企业的产品,最终成为企业的消费用户和使用用户。

　　企业作为一个经济活动的主体,在日常运营中不仅关注产品和服务的质量,也注重与外部世界的互动。其中,游览人群作为一个特殊的群体,对企业的形象塑造、品牌传播和市场拓展都起到了至关重要的作用。本文将从多个方面对企业游览人群进行深入分析。游览人群通常指的是参观企业园区、展示中心、工厂等场所的外部人员。这些人群可能包括潜在客户、合作伙伴、投资者、媒体记者、学生团队等。他们来到企业,一方面是为了了解企业的运营情况、产品特点和技术实力,另一方面也是为了与企业建立更紧密的联系,寻找合作机会。游览人群的社会构成和行为模式反映了更广泛的社会趋势和价值观。

　　1.游览人群对企业的重要性

　　游览人群是企业形象的重要传播者。他们的参观体验、对企业的评价都会影响到外界对企业的认知。一个精心设计的园区、专业的讲解服务、高效的生产线都能给游览人群留下深刻的印象,从而提升企业的品牌形象。游览人群不仅

图1-7　游览人群来到大信集团参观

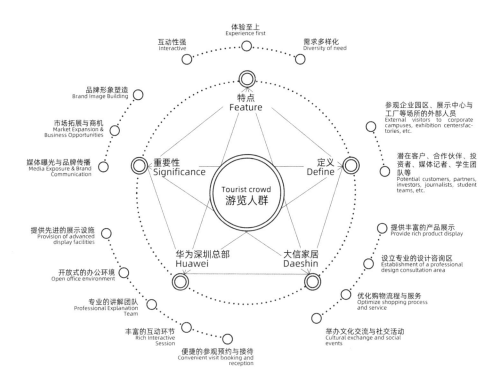

图1-8　游览人群的定义、需求与特点、重要性及华为深圳总部与大信家居相关信息梳理

是消费者，他们也是文化交流的媒介，通过与目的地的互动，促进了文化的传播和理解；[4]游览人群中的潜在客户和合作伙伴是企业市场拓展的重要目标。通过参观，他们可以更加直观地了解企业的产品和服务，进而产生购买意愿或合作意向。此外，一些创新型企业还通过开放日等活动吸引投资者，实现资金的引入；媒体记者是游览人群中不可忽视的一部分。他们的报道不仅可以让更多的人了解企业，还能提升企业的知名度和影响力。同时，这些报道也是企业对外传递价值观、展示社会责任的重要渠道。

2. 游览人群的需求与特点

不同的游览人群有不同的需求。例如，潜在客户更关注产品的性能和价格，合作伙伴则更看重企业的技术实力和生产能力,而投资者则更关心企业的盈利能力和发展前景在现代社会体验已经成为消费者决策的重要因素。游览人群在参观企业时,不仅关注企业的硬件设施,更看重企业的服务态度、讲解质量等软性体验;游览人群往往希望与企业有更多的互动机会,如提问、交流等。这种互动不仅可以满足他们的好奇心,也有助于建立更紧密的联系。

3. 服务体验的关键

企业应提供专业的讲解服务,让游览人群更加深入地了解企业的文化和产品。同时,也要注重服务态度的提升,让游客感受到企业的温暖和关怀;加强软性应设置一些互动环节,如问答、体验活动等,让游览人群更加深入地了解企业。

游览人群是企业与外部世界互动的重要桥梁。企业应充分重视这一群体,通过优化硬件设施、加强软性服务、增强互动性等方式提升游客的体验。只有这样,企业才能更好地塑造品牌形象、拓展市场、吸引投资者和合作伙伴。同时,企业也应不断关注游览人群的需求变化,及时调整策略,以适应不断变化的市场环境。游览人群的空间分布和行为模式受到地理环境、旅游设施和交通可达性等多种因素的影响(图1-8)。

华为作为全球领先的信息与通信技术(ICT)解决方案供应商,其深圳总部不仅是一个科技研发和产业创新的中心,同时也成为许多外部人群参观学习的热门地点。同时,华为深圳总部设有多个展厅和实验室,展示了华为在通信、云计算、人工智能等领域的最新技术和产品。这些展示设施为游览人群提供了直观、生动的了解华为技术的机会;华为深圳总部的办公环境以开放式为主,游客可以近距离观察华为员工的工作状态,感受华为的工作氛围和创新文化并为游客提供了专业的讲解团队,他们不仅具备丰富的技术知识,还能够根据游客的需求和兴趣提供个性化的讲解服务;为了增强游客的参观体验,华为深圳总部还设置了多个互动环节,如技术体验、产品试用等,让游客能够更深入地了解华为的产品和技术;华为提供了便捷的预约和接待服务。游客可以通过官方网站或电话进行预约,并在约定的时间前往参观。在接待方面,华为的工作人员会根据游客的需求和兴趣提供个性化的服务。

大信家居国家级工业设计中心所在的园区不仅是产品展示和销售的场所,还扮演着品牌体验、生活方式展示和文化交流的重要角色。通过以游览博物馆的方式引流客户,进而深入分析游览人群的特点、需求以及大信家居如何为这些人群提供优质的体验和服务。游客可以在大信的体验工厂找到符合自己生活所需的优质产品,并通过亲身体验感受产品的质感和功能;同时,大信设有专业的设计咨询区,提供一对一的设计咨询服务。值得关注的是,大信的设计师也会融入体验工厂之中,与游览者交流与互动,并根据游览者的需求和喜好,提供专业的设计建议和解决方案,于是,游览者也可以在店内直接下单购买产品,并享受便捷的售后服务。

此外,店内还设有舒适的休息区和茶水服务,让游客在购物之余也能享受轻松的时光;为了丰富游客的参观体验,大信会定期举办各类文化交流与社交活动,如家居设计讲座、新品发布会等。这些活动为游客提供了一个互相学习、分享的平台,让他们在家居生活中找到更多的乐趣和灵感。这些游览体验不仅增强了游客对大信家居品牌的认同感和忠诚度,也为大信家居赢得了良好的口碑和市场竞争力。未来,随着家居行业的不断发展和消费者需求的不断变化,大信家居将继续创新和完善其服务和体验,以满足更多游客的需求,进一步巩固和提升品牌形象。

参考文献:

［1］ Solomon, M. R. (2021). Consumer Behavior. Pearson Education.

［2］ Cialdini, R. B. (2006). Influence: The Psychology of Persuasion. HarperCollins.

［3］ Schiffman, L. G., & Kanuk, L. L. (2019). Targeting Consumers: Strategies and Management for a Segmented Marketplace. Prentice Hall.

［4］ 李雨静.服装公司市场分析与营销策略研究［D］.成都:电子科技大学,2022.

［5］ 秦鸿.基于客户画像的A公司精准营销策略研究［D］.桂林:广西师范大学,2022.

［6］ Garrett, J. J. (2011). The Elements of User Experience: User-Centered Design for the Web and Beyond. New Riders Publishing.

［7］ Cooper, A. (2014). Personas: Practice and Theory. Rosenfeld Media.

［8］ Norman, D. A. (2013). The Design of Everyday Things. Basic Books.

［9］ Norman, D., & Draper, S. (2018). User-Centered Design and Engineering. CRC Press.

［10］ Johnson, J. (2018). The Design of User Experience: How It Works and Why It Matters. Rosenfeld Media.

［11］ Yin, R. K. (2014). Research Design and Writing for Dissertations in the Social and Behavioral Sciences: A Guide to Qualitative, Quantitative, and Mixed Methods. Guilford Press.

［12］ Bryman, A. (2012). Sociological Methods. Oxford University Press.

［13］ King, G., Keohane, R. O., & Verba, S. (2014). Population Research: Methods and Applications. Princeton University Press.

［14］ Smith, S. L. (2007). Tourism Experience and Cultural Identity: Visitor-Host Interactions. CABI.

第二章　目标群体的研究策略

RESEARCH STRATEGIES FOR TARGET GROUPS

2.1 第一层级：体验——行为观察

LEVEL 1: EXPERIENCE—BEHAVIORAL OBSERVATION

　　企业获取用户体验的目标是对用户行为的多维度观察，即第一层级的行为观察，以获得用户的真实体验；第二层级的心智洞察，基于观察了解用户行为背后的思维逻辑；第三层次的参与体验，形成企业与用户的共创机制，这将是提升企业服务的关键（图2-1）。

　　所谓用户体验是指用户在使用产品、系统或服务时所感受到的主观感受和情感反应。用户体验的好坏直接影响用户的满意度和忠诚度，因此对于企业而言，提供良好的用户体验是非常重要的。用户体验这个词最早被广泛认知提及是在20世纪90年代中期，由用户体验设计师唐纳德·诺曼所提出和推广，现如今用户体验贯穿在一切设计、创新过程。

　　用户体验设计是设计用户友好、易于使用的产品、应用程序或网站的过程。品牌设计涉及创建和维护品牌形象的过程，包括标志设计、视觉识别系统、包装设计等。交互设计涉及创建用户友好的交互式产品、应用程序或网站的过程，包括用户界面设计和交互逻辑设计等。工业设计涉及产品的外观和功能设计，包括产品设计、产品规划、人机界面设计等。包装设计涉及产品包装的外观和功能设计，包括产品标签、包装盒、手提袋等。

　　为了了解用户体验，研究人员常常进行用户行为观察。用户行为观察是通过观察用户在使用产品或服务时的行为、动作、反应等来获取有关用户体验的信息。这种观察可以帮助企业了解用户的需求、痛点和喜好，进而优化产品设计和服务流程，提供更好的用户体验。体验设计不仅仅是关于外观和感觉，它涉及到产品的多个层面，包括战略、范围、结构、框架和表现（图2-2）。

　　在进行用户行为观察之前，需要明确研究的目标和问题，例如，想了解用户在使用某款手机App时的体验是否良好，或者想了解用户在购物网站上的浏览和购买行为；根据研究目标，设计观察的内容和方式。在观察过程中，研究人员

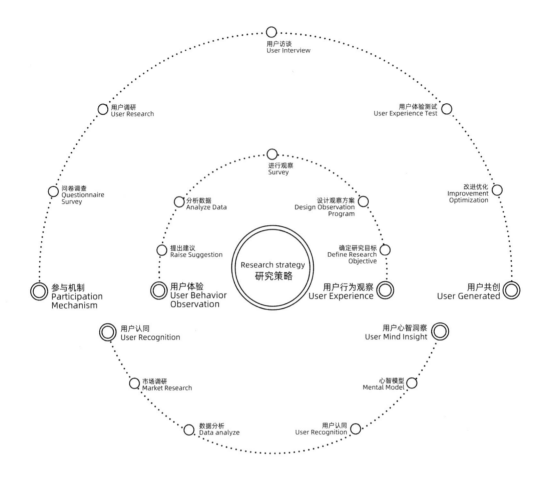

图2-1 三级研究策略

应当尽量保持客观,不对用户进行干预或引导。观察可以通过录像、记录用户的行为和反应等方式进行;观察结束后,研究人员需要对观察到的数据进行整理和分析。可以通过统计分析、用户反馈和专家评估等方法来得出结论;根据分析的结果,研究人员可以提出改进和优化的建议。这些建议可以涉及产品设计、界面布局、交互流程等方面,旨在提升用户体验。

通过用户行为观察,企业可以更好地理解用户的需求和行为习惯,为用户提供更符合他们期望的产品和服务。同时,用户行为观察也能帮助企业发现并解决产品和服务中存在的问题,提升用户满意度和忠诚度。因此,用户行为观察在用户体验设计中扮演着重要的角色。用户体验和用户行为观察是提供优质产品和服务的重要手段。通过深入了解用户的需求和行为,企业可以更好地满足

图2-2　一级研究策略

用户的期望,提升用户体验,从而取得竞争优势。行为观察是理解用户需求和体验的关键,它让我们能够深入洞察用户的日常生活和与产品的互动。

为了了解和满足用户的需求,许多品牌通过深入观察用户体验和行为来优化产品设计和销售策略。下面将以理想汽车为参考,探讨用户体验和用户行为观察的重要性及应用方法。

例如,理想汽车在内饰设计上注重用户体验与口碑建立,将舒适度作为差异化竞争点,使其颠覆用户对汽车固有功能的认知,同时,理想汽车可以记录车辆行驶的里程,包括自提车之日起的里程数、辅助驾驶功能开启的里程数等。这些数据可以帮助车主了解自己与理想汽车的相处时间,也可以用于分析用户的行驶习惯和需求;理想汽车还记录车辆的故障信息、维修保养记录等数据,这些数据可以帮助车主及时了解车辆状况,也有助于提升车辆的性能和安全性;汽车每次充电的时间、电量、充电位置等信息都被记录,这些数据可以帮助车主更好地规划和管理自己的充电体验,也可以为理想汽车提供优化充电服务的依据。这些数据有助于理想汽车更好地满足用户需求,提升产品和服务的质量和竞争力。同时,也说明了用户体验在各行业中的重要性和应用价值(图2-3)。

如今企业竞争日益激烈,用户体验和用户行为观察是企业提升服务的关键因素之一。通过细致观察用户需求和行为,企业可以提升用户满意度、增强品牌忠诚度,并及时调整产品设计和销售策略,保持市场竞争优势。作为其他品牌的参考,注重用户体验和用户行为观察将有助于提升品牌价值和市场竞争力。

图2-3　理想汽车的用户体验

2.2 第二层级: 认同——心智洞察

LEVEL 2: IDENTITY—MINDFULNESS INSIGHT

企业想要获得用户对企业文化与产品的认同,需要通过交流、观察、访谈和分析以获得用户心智,同时,洞察市场趋势也是获取用户认同的方式,因为市场趋势与用户审美趋势密切关联。了解用户的认同和心智洞察可以帮助企业更好地理解用户需求并开发出满足用户期望的产品和服务。认同是个体对自身和周围世界的理解和解释,它塑造了我们的行为和与他人的关系。

用户认同指的是用户对于某个品牌、产品或服务的认同程度。用户认同是建立在用户对品牌形象、产品质量、服务体验以及企业价值观等方面的认同基础上的。当用户对某个品牌或产品有较高的认同感时,他们更有可能购买该品牌或产品,并且对其产生忠诚度。因此,企业需要通过品牌建设、产品质量和服务等方面来增加用户的认同感。用户心智洞察是指企业通过对用户的研究和分析,了解用户的需求、偏好、价值观和行为模式等方面的信息,从而能够更准确地预测和满足用户的需求。通过深入了解用户的心智洞察,企业可以更好地定位市场,开发符合用户期望的产品和服务,并制定有效的营销策略。

在获取用户认同和用户心智洞察的过程中,市场调研是非常重要的工具。通过市场调研,企业可以收集用户对产品和服务的意见和反馈,了解用户的需求和期望,发现用户的痛点和挑战。此外,企业还可以通过社交媒体和在线社区等渠道,与用户进行互动和交流,获取更多的用户心智洞察。心智洞察需要对认知过程进行深入分析,从而理解我们是如何思考、感知和行动的(图2-4)。除了市场调研,数据分析也是获取用户心智洞察的重要手段。通过收集和分析用户的行为数据,企业可以了解用户的购买偏好、使用习惯和兴趣爱好等方面的信息。这些数据可以帮助企业更好地了解用户的需求,优化产品和服务,提高用户的认同感。

苹果公司作为全球知名的科技巨头,其品牌影响力和用户忠诚度一直备受瞩目。苹果的成功并非偶然,它凭借独特的品牌定位、创新的产品设计和卓越的

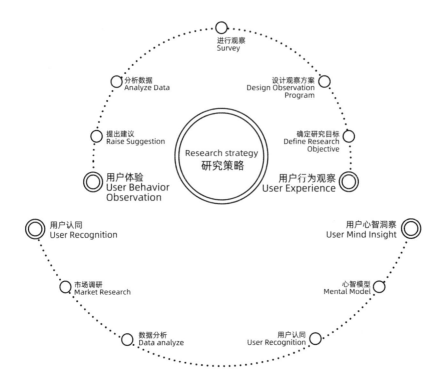

图2-4　二级研究策略

用户体验,赢得了无数用户的认同和喜爱。本文将以苹果品牌为参考学习对象,探讨用户对苹果品牌的认同以及用户的心智洞察。

1. 强大的品牌形象

苹果公司在全球范围内享有极高的品牌声誉和形象。它以"创新""高端"和"时尚"为核心价值观,成功塑造了自己的独特品牌形象。用户对苹果的认同不仅仅是对产品的认同,更是对这种品牌形象的认同。苹果的品牌形象给用户一种高质量、高品位和高价值的感受,使用户愿意成为这个品牌的一部分。

2. 出色的产品设计

苹果一直以来都注重产品设计的创新和简洁。它的产品设计以简约、现代和高端为特点,使得苹果的产品在外观上与众不同。用户对苹果的产品设计给予了高度的认同,因为它能够满足用户对美感和品位的追求。苹果的产品设计不仅仅是符合功能需求,更是一种艺术品的存在,用户因此而对苹果产生了强烈的认同感。

3. 卓越的用户体验

苹果一直以来都重视用户体验的提升。无论是产品的使用过程还是售后服务,苹果都致力于为用户提供卓越的体验。苹果的产品易于使用、稳定可靠,同时其完善的生态系统也使得用户能够享受到无缝的使用体验。用户对于苹果的用户体验给予了高度的认同，因为它能够满足用户对便利性和舒适度的需求。

苹果的产品不仅仅是一种工具，更成为一种社交身份的象征。使用苹果产品的人在社交场合中往往能够获得更多的关注和认可。这种社交身份的象征使得用户对苹果产生了一种心理上的满足感，因为他们认为苹果产品能够提升自己的社交地位。苹果的产品设计和品牌形象给用户提供了一种展示个性的方式。用户可以通过选择不同的苹果产品和配件来表达自己的个性和品位。苹果的产品和品牌成为用户个性的一部分，用户通过使用苹果产品来展示自己的独特之处。苹果的用户群体形成了一个庞大的用户共同体，用户之间通过对苹果品牌的认同建立了一种联系和归属感。用户共同体的形成使得用户能够共享使用经验、交流技巧和分享资源。用户对于苹果的认同不仅仅是对产品的认同，更是对这个共同体的认同。苹果公司通过使用"用户心智洞察"取得了显著的具体成果数据，这些数据不仅体现在财务业绩上，更体现在用户体验、品牌认知和市场影响力等多个方面。以下是对苹果公司使用"用户心智洞察"取得的具体成果数据的详细分析。

从产品创新角度来看，苹果公司通过深入了解用户需求和心智模式，成功推出了一系列具有影响力的产品。例如，iPhone、iPad、MacBook等产品在市场上取得了巨大成功，为用户提供了卓越的体验，同时也为苹果公司赢得了口碑和市场份额；从品牌认知角度来看，苹果公司凭借其独特的设计风格、卓越的品质保证以及深入人心的品牌形象，赢得了全球消费者的广泛认可。无论是硬件产品还是软件服务，苹果公司都通过深入了解用户需求和心智模式，成功打造了一系列具有影响力的产品和服务。这不仅为苹果公司带来了商业上的成功，同时也推动了整个行业的发展（图2-5）。

图2-5　苹果品牌的用户认同

企业通过使用"用户心智洞察"取得了显著的具体成果数据,这些数据也表明了用户的预判方向。消费者需求的多样化、个性化以及市场竞争的日益激烈,企业要想在市场中取得成功,必须深入了解用户不断细化的需求,不断打造迎合目标市场的新品类,以满足用户需求并提升用户体验。

2.3 第三层级：共创——参与机制

LEVEL 3: CO-CREATION—PARTICIPATORY MECHANISMS

用户对品牌的认知与参与体验应聚焦于一个定位清晰的"主题"，即品牌信念。以此让消费者对企业的品牌文化产生共鸣与认同，这种方式可以形成企业与用户的共创机制，通过参与设计为企业赋能。大卫·奥格威（1955）认为品牌信念是品类、名字、特点、价位、历史、声誉以及推广渠道的无形综合体。菲利普·科特勒（2001）认为一个成功的品牌信念要体现六层含义：功效、价值、文化、利益、个性和用户。拉斯韦尔（1948）提出5W理论，即品牌（Who）、表述（Says What）、渠道（In Which Channel）、用户（To Whom）和成效（With What Effect），5W理论的贡献是细化品牌信念。例如，农夫山泉的品牌信念是"天然纯净"；苹果的品牌信念是"创新与时尚"。品牌信念是企业品牌战略的关键，而品牌战略是企业在市场竞争中长期发展的根本战略，其最终目标是建立品牌与用户之间的"黏性"，实现可持续的用户生态系统。

开启用户共创可以让更多的用户与设计者共同参与到产品或服务的创造过程之中，通过用户的参与和反馈，设计者可以更好地了解用户需求，提高产品的质量和用户体验。设计者与消费者参与机制则是指设计者与消费者之间的互动和合作机制，通过这种机制，设计者可以更好地了解消费者的需求和偏好，从而提供更符合消费者需求的产品和服务。用户共创的核心在于建立真实、富有成效的关系，激发社区成员的参与和创造力。

在传统的设计过程中，设计者通常是根据自己的经验和创意来设计产品或服务，而用户则是被动接受并使用这些产品或服务。这种设计方式往往忽视了用户的真实需求和体验感受，导致设计出来的产品或服务与用户的期望相距甚远。而用户共创的理念则打破了这种传统的设计方式，将用户置于设计过程的核心地位，使得用户的需求和意见成为设计的重要参考。

用户共创的方式有很多种，例如用户调研、用户访谈、用户体验测试等。设计者通过与用户的交流和互动,了解用户的需求和反馈,从而进行产品的改进和优化。通过用户共创的方式,设计者可以更好地了解用户的真实需求和使用习惯,提供更符合用户期望的产品和服务。而设计者与消费者参与机制则是指通过不同的方式和渠道,让设计者与消费者进行互动和合作,以更好地了解消费者的需求和偏好。这种参与机制可以包括消费者调研、用户体验测试、用户反馈等。通过这种方式,设计者可以更好地了解消费者的需求和喜好,从而提供更合适的产品和服务。

设计者与消费者参与机制的实施还需要设计者具备一定的沟通和合作能力。设计者需要与消费者进行有效的沟通和交流,听取他们的意见和建议,并将其纳入产品的设计和改进过程中。设计者还需要与消费者进行合作,共同探讨和解决问题,从而提供更好的产品和服务;设计者与消费者参与机制的实施对于产品的质量和用户体验至关重要。通过与消费者的互动和合作,设计者可以更好地了解消费者的需求和喜好,提供更符合用户期望的产品和服务。同时,参与机制也可以增强用户对产品的认同感和忠诚度,提高产品的市场竞争力。

用户共创和设计者与消费者参与机制是一种新的设计理念和方法论,通过用户的参与和反馈,设计者可以更好地了解用户需求,提高产品的质量和用户体验。设计者与消费者参与机制则是实现用户共创的一种方式,通过与消费者的互动和合作,设计者可以更好地了解消费者的需求和喜好,提供更符合用户期望的产品和服务。这种设计理念和方法论在当前的创新和设计领域中得到了广泛的应用和推广,为设计者和消费者带来了更好的体验和价值。

小米、华为、OPPO等国内大型手机厂商已经通过用户体验计划来实现用户共创的设计理念。目标用户通过自愿原则,参与到用户体验设计之中(图2-6)。设计者线下与用户面对面的交流则会更考验设计师的沟通表达能力。不管是何

图2-6 宜家的设计

种企业,在对于用户体验的态度上都是极其认真的,用户共创的模式可以更好的了解用户的需求和偏好,提升产品的用户体验,增加用户转换率和黏性,提高竞争优势。用户在使用产品时,也会提高使用效率,收获愉快的使用体验。

参考文献:

[1] 白冰辰. 浅谈用户体验[J]. 金田,2014.

[2] Garrett, J. J. (2010). The Elements of User Experience: User-Centered Design for the Web and Beyond. Rosenfeld Media.

[3] Norman, D., & Draper, S. W. (2015). Observing the User Experience: A Practitioner's Guide to User Research. Oxford University Press.

[4] Erikson, E. H. (1968). Identity: Youth and Crisis. W. W. Norton & Company.

[5] Dennett, D. C. (1991). Consciousness Explained. MIT Press.

[6] Chapman, C.C., et al. (2018). User Co-Creation: A Practical Handbook for Product Teams to Empower Communities. Rosenfeld Media.

[7] Norman, D. A. (2015). The Design of Everyday Things. Basic Books.

[8] 张少波,徐弘源,张能华."用户体验"计划撬动了什么?——某信息通信基地贴近部队需求改善优化通信保障新闻调查"[N].解放日报.2020-3-13(05)

第三章 设计体验的实施契机

OPPORTUNITIES FOR IMPLEMENTATION OF DESIGN EXPERIENCES

3.1 "家"文化哲思

PHILOSOPHY OF "FAMILY" CULTURE

　　企业的经营哲学反映了企业创始人、经营管理人员和普通员工的价值观和信条,是一系列原则的组合。它又被称为经营理念,指一家企业特有的从事经营管理活动的方法论,涉及企业和企业家对外部环境(政策管制、市场等)、企业(目的、规模、效益等)、利益相关者等的看法,涉及价值观与信念。企业的经营哲学决定了企业文化,是企业文化的核心。通常认为良好的经营哲学可以指导企业成员的行为和决策,改善企业的绩效。研究企业的战略决策和成长轨迹,就必须了解企业的经营哲学,因为它是前者发生的根本原因。本章聚焦大信自成体系的经营哲学,通过剖析大信经营哲学的基本内容、形成过程及其对企业日常运营产生的影响、发挥的作用,深化人们对企业经营哲学的认知。

　　"家文化"作为企业文化的一种表现形式,企业通过营造温暖、和谐、互助的工作环境,让员工感受到家庭的温暖和支持,增强员工的忠诚度和工作积极性。与很多中国其他民营企业一样,大信在企业文化建设上着力打造一种"家"文化,即把企业看成是一个大家庭。企业不仅关心员工的工作,还关心员工的生活。员工对企业不仅在工作上产生了依赖,而且在生活上也产生了依赖。这种独特的中国式员工组织关系被一些学者称为"类亲情关系",这种关系强调的不是关系双方的利益对等,而是情感上的彼此需要与存在的相生相息。 它不同于西方企业中的"经济交换关系"或"社会交换关系"。这种关系来源于中国传统文化中的相互依赖的价值取向和中国人的家族主义和泛家族主义倾向。 这种"情感性关系"与"工具性关系"在中国民营企业内共存,也体现了不同于西方个体主义主流思想社会的中国集体主义社会中的"内群体"现象。

　　经过20年的探索和发展,大信逐步形成了独有的经营理念,并且自成体系。大信的愿景是成为世界家居行业的"创道引领者",不仅使企业在世界家居行业有地位、受尊重,有社会责任、文化得到普遍认同,而且为中国工业的发展做出贡献,为中华民族的强大、复兴出一份力,大信的口号"做中华民族的好子孙"。同时,通过企业的运营为中国和世界创造更好的商业文明,为此,大信制定了"再用25年成为家居行业的世界第一"的战略目标。有了理想的支撑,大信的发展从一开始就与众不同。大信潜心从基础研究做起。从搜集厨房和家居相关文物、研究中国人的饮食习惯开始,逐步发现适合中国消费者的产品特点、能够解决定制化与高价格之间的矛盾的设计和生产方法,脚踏实地、扎扎实实地增强企业的核心竞争力,包括产品设计和生产流程的创新能力、综合利用资源的能力和突出的营销能力。这些能力有效地解决了定制化和大规模生产之间的矛盾,在大幅度降低成本的同时为顾客提供个性化产品,并同时提升了产品的品质、满足了环保要求,有效扩大了市场,形成了顾客满意和企业绩效大幅提升的双赢局面。正如庞学元董事长在访谈中所说:"有理想,就不能怕吃苦,不能怕从零开始一步一步往前走。"

在为经销商和员工进行培训而准备的"大信商学院培训笔记本"的扉页上赫然印有"大信人四篇",这也可以说是大信的"价值观",即"求真务实,心系顾客;安身立命,诚意正心;格物致知,笑遍世界;勇担责任当下行动"。大信不仅这样培训员工和经销商,而且切切实实地把这种核心价值观融入行动当中。

大信在研发"易简"生产系统的过程中,逐步取得了良好的效果,如生产效率提升,大规模定制化得以逐步实现。除了最核心的控制软件之外大信模块化的设计原理、生产流程的改进原理、岗位设置的具体做法和细节都向同行竞争者公开。因为庞总认为,与竞争者分享成功经验,能让他们少走弯路,尽快赶上来,从而培养强有力的竞争对手,这对大信自身也是一种促进和激励,否则大信就会逐渐失去奋进动力。大信在这一过程中不仅树立了行业典型,增强了自身的"参考力"、影响力、引领力,而且也能够提升行业整体水平,增强行业在世界市场上的话语权。大信经营理念的形成与庞总的个人价值观和思维方式密不可分。庞学元具有非常强烈的民族自豪感和荣誉感。而这种价值观和思维方式的形成离不开他的教育经历和中国传统文化的影响。

　　大信实施"家文化"管理也体现了中国传统文化中的人本主义精神。这种精神来源于中国人整体上反功利主义、致力于做人的价值观。这种人本主义基础上发展起来的管理思想着眼于构建人与组织间和谐的整体关系,在培训中强调的大信人的"四篇"就是对员工进行道德教化的集中体现。此外,庞总还十分注重以身作则,用自己的行为感化员工,以自身的修为树立道德威信,通过展示具有高尚道德水准的行为来潜移默化地影响员工,使员工也追求自我道德的提升,在工作上恪尽职守、积极主动、诚实守信,在生活中夫妻和睦、家庭和谐互相支持,既解决了员工的工作动力和纪律问题,也消除了家庭的后顾之忧问题。

　　同时,大信乐于与竞争对手分享经验的做法实际上体现了中国传统管理思想的基本原则,即"贵和持中"、注重和谐。"贵和持中"指的是崇尚和谐,坚持中庸;不以战胜竞争对手为目的,更不会走极端。中国的文化虽然也讲对立面的斗争,但总的倾向是将这种斗争融会贯通地加以把握,寻求一种自然的和谐。大信在企业中频繁使用家族成员的做法实际上体现了中国传统文化中对"家"的概念的重视,反映了中国传统管理模式中"家企同构"的特点。"中国人的家族是以家庭为单位,并按照家庭组织原则组成的超家庭组织。"中国传统文化中重视关系和熟人社会、轻视合约和游戏规则的情况导致中国传统商业组织对于家族成员十分依赖。历史上有名的晋商、徽商等都反映了这一特点。因为家族成员

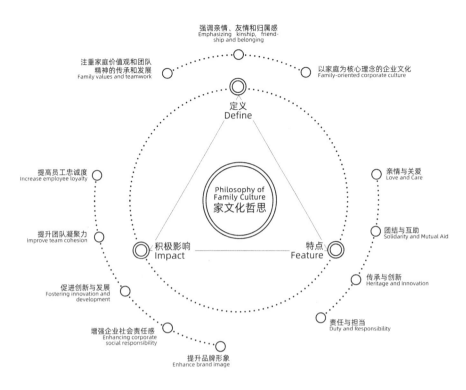

强调亲情、友情和归属感
Emphasizing kinship, friend-
ship and belonging

注重家庭价值观和团队
精神的传承和发展
Family values and teamwork

以家庭为核心理念的企业文化
Family-oriented corporate culture

定义
Define

提高员工忠诚度
Increase employee loyalty

Philosophy of
Family Culture
家文化哲思

亲情与关爱
Love and Care

提升团队凝聚力
Improve team cohesion

积极影响
Impact

特点
Feature

团结与互助
Solidarity and Mutual Aid

促进创新与发展
Fostering innovation and
development

传承与创新
Heritage and Innovation

增强企业社会责任感
Enhancing corporate
social responsibility

责任与担当
Duty and Responsibility

提升品牌形象
Enhance brand image

图3-1 "家"文化哲思的定义、特点和积极影响

具有比"外人"更多的联系,他们之间存在更多的共同利益。

在这种"类亲情关系"相伴的"家文化"中,重道德教化、轻规章制度的做法在中国民营企业中并不少见。但是这种纯粹的"人治"和"德治"的方法也并非没有缺点。因为缺乏明确的行为规范细则,中国企业管理的制度和方法往往会因管理者个人的喜好而随意改变,造成"制度失灵"和处理问题时不够公开、透明,进而引发一系列的问题,如个人专制、个人新。庞总在访谈中多次提到希望通过各种方式教化员工,从而"把制度变成教养"。二是大信在组织结构上进行了尽可能的扁平化设计在整个结构中不存在纯粹的管理者,就连庞总本人也经常负责一线工作,如针对来访者的讲解、生产的安排等。整个管理团队人员非常少,加上全部信息都是通过网络进行储存和流动的,这有利于企业内部人员之间的沟通和信息的传递,有利于高效决策(图3-1)。

西方管理理论一般将管理分为四大职能,即计划、组织、领导和控制。大信在将员工视为亲人的理念下,着力打造企业的"家"文化,实行重德育轻制度、重感化轻处罚的管理方式,从西方的管理理论的角度来看,实际上是尽可能强化了"领导"的职能,而弱化了"控制"的职能。

　　人们可以深切地体会到大信企业内部形成了一种强烈的"家"氛围,员工的成长与企业的成长紧紧联系在一起。同时,这种"家"元素又向企业外部扩散,构成"做中华民族的好子孙"及"用心为全民设计"的对象性、包容性经营理念。并且,这种"家"文化是在企业创始人的主导和推动下得以形成和扩展的,具有强化的、自上而下的道德教化特征。因此,我们将大信在经营哲学方面的探索与实践总结为一种强领导"家"文化下的企业共识。

3.2 用户感受认同

USER PERCEPTION RECOGNITION

    作为品牌忠诚度的核心要素之一,从"移情与共情"的视角出发,以重视用户体验层次的基础展开研究。用户感受认同是指用户在使用产品或服务的过程中,所感受到的满足感和认同感。这种满足感和认同感来自多个方面,如产品的质量、性能、设计、价格,以及企业的品牌形象、服务质量、营销策略等。当用户对某一品牌产生了积极的感受认同,他们更有可能成为该品牌的忠实拥趸,并在未来持续选择该品牌的产品或服务。良好的设计能够引发用户的共鸣,创造出强烈的认同感,因为设计满足了人们的真实需求。用户感受认同的核心在于产品或服务能够满足用户的期望,让他们感到被理解和尊重。

    获得用户好感能够让用户对品牌产生信任和依赖,从而提升品牌忠诚度。当用户对某一品牌产生了积极的感受认同,他们更愿意向周围的人推荐该品牌,为企业带来更多的潜在客户。口碑传播在现代市场营销中具有重要作用。当用户对某一品牌产生积极的感受认同时,他们更愿意分享自己的使用体验,为企业带来更多的曝光和关注。良好的用户感受认同有助于提升企业形象声誉,使企业在竞争激烈的市场中脱颖而出。

    企业重视用户感受不仅关乎实现产品价值,更关乎企业与大众建立信任和理解,设计师需要通过深入了解用户来创造共鸣。企业应不断提升产品质量,以满足用户的需求和期望;良好的用户体验能够让用户感受到品牌的关注和关怀。优质的服务能够让用户感受到品牌的诚意和专业性。建立健全的服务体系,提高服务水平,为用户提供及时、专业的服务支持;鲜明的品牌形象能够让用户对品牌产生认知和记忆。企业应通过品牌传播、营销活动等方式,强化品牌形象,提升品牌的知名度和美誉度。企业可以从产品、服务、品牌等多个方面入手,提升用户体验,以实现用户感受认同,从而塑造品牌忠诚度,赢得市场竞争(图3-2)。

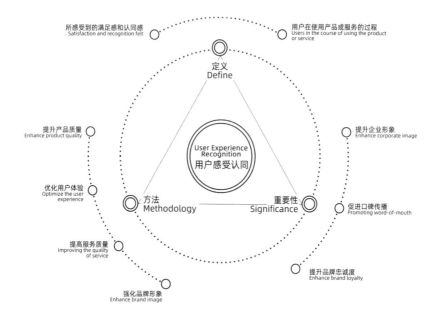

所感受到的满足感和认同感
Satisfaction and recognition felt

用户在使用产品或服务的过程
Users in the course of using the product or service

定义
Define

提升产品质量
Enhance product quality

提升企业形象
Enhance corporate image

User Experience Recognition
用户感受认同

优化用户体验
Optimize the user experience

方法
Methodology

重要性
Significance

促进口碑传播
Promoting word-of-mouth

提高服务质量
Improving the quality of service

强化品牌形象
Enhance brand image

提升品牌忠诚度
Enhance brand loyalty

图3-2 用户感受认同的定义、重要性及方法

苹果公司成功的秘诀在于始终将用户感受放在首位。苹果公司注重产品的设计、性能和用户体验,通过不断的创新和优化,打造了一系列具有影响力的产品,如iPhone、iPad、Mac等。苹果公司的产品设计一直以来都是其核心竞争力之一。苹果公司注重细节,追求简洁、时尚、大方的设计风格,让用户在使用产品时感受到品质和美感。苹果公司产品具有卓越的性能表现,能够满足用户的各种需求,如处理大型文件、玩游戏、观看视频等。这使得用户对苹果公司的产品产生了高度的信任和依赖。苹果公司注重用户体验,通过人性化的设计、易于操作的功能、丰富的生态系统等,让用户在使用产品时感受到舒适和便捷。这有助于提升用户对品牌的忠诚度。

星巴克成功的关键在于通过提供优质的服务和独特的消费体验,赢得消费者的心。星巴克注重营造温馨、舒适的环境,提供高品质的咖啡和小食,以及亲切的服务,让消费者感受到品牌的关注和关怀.始终坚持选用优质的咖啡豆,注重咖啡的研磨和冲泡技巧,以保证咖啡的口感和品质。这使得消费者在品尝星巴克咖啡时能够感受到品质和口感上的满足感。星巴克门店的装修风格以温馨、舒适、时尚为主，让消费者在繁忙的城市中能够找到一个放松心情的场所。此外，星巴克还通过提供免费Wi-Fi、杂志、音乐等方式，增强消费者的归属感和愉悦感。星巴克注重员工的培训和服务态度，让消费者在点餐、等候、就餐过程中感受到亲切和专业的服务。此外，星巴克还通过推出会员卡、积分奖励等方式，提升消费者的忠诚度和满意度。

宜家成功的关键在于通过提供设计精美、价格实惠的家居产品和优质的服务，赢得消费者的心。宜家注重产品的实用性和人性化设计，通过不断推出新品和创新营销方式，让消费者感受到品牌的关注和关怀。宜家的产品设计一直以来都是其核心竞争力之一。宜家注重产品的实用性和人性化需求，通过不断推出新品和创新设计，满足消费者的审美和功能需求。这使得消费者在购买宜家产品时能够感受到品质和美感上的满足感。宜家始终坚持提供实惠的价格，让消费者用最少的预算买到高品质的家居产品。这使得消费者在购买宜家产品时能够感受到价格上的优势和满足感。宜家注重消费者的购物体验，通过提供免费送货、安装服务、退换货保障等方式，提升消费者的满意度和忠诚度。此外，宜家还通过推出会员卡、积分奖励等方式，增加消费者的黏性和忠诚度。

以三个知名品牌举例，体现出用户感受认同对于品牌的发展至关重要。通过深入了解消费者的需求和期望，不断提升产品和服务的质量和体验，以及营造独特的品牌形象和价值观，企业可以赢得消费者的心和忠诚度，实现持续的发展和成功。

企业的发展离不开利益相关者的支持，处理好与利益相关者的关系，企业就成功了一半。大信对此也形成了自己的理念。例如，大信认为顾客是父母、员工和供应商是亲人，而同行竞争对手是互相促进的。之所以没有采用"顾客是上帝"的流行观点，是因为庞学元认为顾客是企业的衣食父母，但父母也有犯错

图3-3　大信的用户感受认同

的时候,而上帝是万能的、不会犯错的。哪怕顾客受到主客观限制所提出的要求并不一定对,企业也要善于引导顾客需求,向他们提供更加科学、合理和完善的解决方案。

将供应商和员工看作亲人,是因为这两组利益相关者和企业是一荣俱荣、一损俱损的关系。他们和企业一起为顾客服务。企业对待他们就像对待自己的亲人一样,有福同享,有难同当,将他们凝聚在企业的周围,形成对企业的归属感,营造大家庭的氛围,共同发展(图3-3)。

同时,大信非常重视培训。对经销商有定期的销售技能和运营理念的培训,各个部门有周会,车间由工段长每天为工人举行晨会,不仅交流工作经验和技能,还进行理念和价值观的培训。大信在企业内部讲究个人奋斗反对小富即安。号召员工制定生活规划,并把生活和奋斗结合在一起在原阳新生产基地,员工一进门就可以看到一个标语"幸福都是奋斗出来的",让员工知道不能投机取巧。员工进出打卡的人脸识别系统前面也写着"幸福都是奋斗出来的"。此外,还有"成功就是做好一切""顾客是我们的衣食父母,自己不满意的产品不能交付"等标语。在这种理念的支撑下,企业几乎没有成文的管理制度,所有的规定都以口头方式传达,并在员工中形成共识。例如,考勤制度、请假制度、在请假期间工作分担制度等。

3.3 数字赋能基地

DIGITAL EMPOWERMENT BASE

数字化深入渗透到各个产业领域,家居产业也的数字化为家居产业带来了前所未有的机遇,数字赋能基地不仅是技术的集合,更是创新思维的发源地,它重塑了企业的运营模式和竞争优势。数字赋能基地的建设需要领导者的远见和决心,通过数字技术的运用推动组织的转型和发展(图3-4)。

1. 数字化带给家居产业的机遇

个性化定制与智能化服务。数字化技术使得家居企业能够根据消费者的个性化需求进行定制化生产和服务。例如,通过数据分析和人工智能技术,企业可以根据用户的需求和喜好提供智能化的家居设计方案。2022年定制家具市场规模达到1200亿元,年复合增长率超过10%,显示出了消费者对个性化定制需求的增长;供应链优化与智能物流:数字化技术有助于实现家居产业的供应链优化和智能物流。通过大数据分析、物联网等技术,企业可以实时监控库存、生产和物流状况,提高运营效率,降低成本。例如,家居企业可以利用智能物流系统减少运输成本和时间,提高配送效率。据研究,智能物流可以降低物流成本30%以上,提高运输效率20%以上。数字化时代,家居企业可以通过电商平台、社交媒体等线上渠道拓展销售市场,突破地域限制。2023年家居建材线上销售额达到2000亿元,占整体市场的10%以上,显示出线上渠道的巨大潜力。此外,线上渠道不仅可以提高销售额,还能为企业积累用户数据,进一步优化产品和服务、品牌形象的提升。数字化营销手段如社交媒体、内容营销等有助于家居企业提升品牌形象,增强品牌影响力。通过数字化手段,企业可以与消费者建立更紧密的联系,提高品牌忠诚度。例如,企业可以通过社交媒体平台发布品牌故事、设计师访谈等内容,提升品牌形象和认知度。

2. 数字化带给家居产业的挑战

数据安全与隐私保护。随着数字化程度的提高,家居企业需要面对数据安

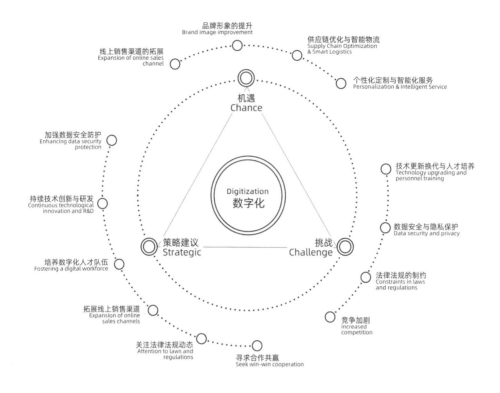

图3-4 数字化的机遇、策略建议及挑战

全和隐私保护的挑战。如何确保消费者数据的安全、防止数据泄露和滥用是关键问题。2023年家居行业发生多起数据泄露事件,导致消费者隐私受到侵犯。企业需要采取有效的数据安全措施和技术手段来保护消费者隐私;技术更新换代与人才培养:数字化技术的发展速度很快,家居企业需要不断投入资源进行技术更新和人才培养,以适应市场的变化。未来几年数字化技术在家居产业的应用将以每年15%的速度增长,企业需要不断跟进技术发展并培养具备数字化技能的人才队伍;据调查显示,消费者在选择家居产品时更加注重品牌、品质和服务,这使得市场竞争更加激烈。同时,新兴企业的崛起也给传统家居企业带来了压力和挑战;法律法规的制约。家居企业需要关注法律法规的变化,确保合规经营。此外,在跨国经营时还需面临不同国家和地区的法律监管问题。

3. 应对数字化挑战的策略建议

第一,加强数据安全防护。家居企业应建立完善的数据安全管理制度,采取有效的加密技术和安全防护措施来保障消费者数据的安全。同时,加强员工的数据安全意识培训,确保数据的合规使用。例如,可以采用多层次的安全防护体系来确保数据安全; 第二, 持续技术创新与研发。家居企业应关注新兴技术趋势, 持续投入资源进行技术研发和创新。通过引进先进的技术和设备, 提高生产效率和质量, 降低成本。同时, 加强与高校、研究机构的合作, 共同推动技术创新。例如, 可以采用人工智能、物联网等技术来提高生产效率和智能化水平; 第三, 培养数字化人才队伍。家居企业应重视数字化人才的培养和引进, 建立一支具备数字化技能和创新意识的人才队伍。通过定期培训、交流等方式不断提高员工的数字化素养和能力。例如, 可以开设数字化技能培训课程、举办数字化创新竞赛等活动来激发员工的创新精神和学习动力; 第四, 拓展线上销售渠道。家居企业应积极拓展线上销售渠道, 加强电商平台和社交媒体营销建设。同时优化线上购物体验提高客户满意度和忠诚度结合线下实体店体验优势打造线上线下一体化的销售模式例如可以通过建立线上商城、开展促销活动等方式吸引消费者线上购买提高销售额和用户黏性同时与线下实体店合作提供便捷的售后服务和体验式服务增强消费者信任度和满意度; 第五, 关注法律法规动态。家居企业应关注相关法律法规的动态变化确保业务运营的合规性加强与法律顾问的沟通合作确保企业在数字化发展过程中始终保持合规经营例如可以聘请专业的法律顾问团队提供法律咨询和合规建议及时了解并遵守相关法律法规减少法律风险保障企业的稳定发展; 第六, 寻求合作共赢。面对挑战家居企业可以寻求与其他企业的合作。

未来, 数字赋能基地的建设需要企业构建适应数字化时代的战略框架, 实现组织、文化和技术的全面升级。第一, 实现销售网络化。基于企业现有的门店客户端, 开发集个性化设计、视觉体验、自动拆单、精准报价、物流信息、售后服务、产品交流等于一体的第三方应用程序 App, 以满足消费者线上进行产品设计及定制的需求, 同时消费者之间可以在手机 App 上进行产品的交流与分享。第二,实现产品智能化。加强企业产品设计及创新能力,借鉴智能技术在家电等方面的应用,开发及发展智能家居,如借鉴智能仓库技术开发智能存储衣柜,实现智能快速储取衣物,开发具备杀菌消毒功能的橱柜等,从而提高家具产品的附加值。

企业不仅要引进新技术,更要研发新技术,才能增强竞争力。总体而言,在德国工业 4.0 的启发和影响下,在智能制造领域纷纷开始试水。行业内的一线品牌,凭借着领先者的地位和上市募集的雄厚资金,在智能制造上已经投入重金,成为行业内智能制造和数字化转型的先行者。未来企业的竞争力将由智能制造的水平来决定,我们拭目以待。得益于互联网、大数据、云计算和人工智能等技术的兴起及其在家居产业的融合应用,大信家居生产效率得以提高。

现在,大信家居能够使用大数据和云计算对整体家居模块的更新进行更有效的管理。由于能够更精准地对常用模块进行识别和维护,常用模块的生产能够与市场需求匹配更为精准,从而使生产效率、仓储效率大大提升。由于互联网 + 传统行业的深入发展,大信家居的近 2000 家门店均可通过管理信息系统与总部连接,从而使终端客户、经销网络、总部职能和生产系统及供应链系统的联系更为紧密,能够在售前、售中和售后实时响应客户的需求。随着科技的快速发展和数字化浪潮的推动,家居行业正经历着前所未有的变革。作为行业中的一员,大信家居集团积极拥抱数字化转型,不断探索和实践数字化在家居产业中的应用。

在传统家居行业中,企业面临着许多挑战,如高库存、低效率、同质化竞争等。大信通过数字化转型,企业可以提高生产效率、优化供应链管理、提升用户体验、增强品牌竞争力等。大信家居集团数字化转型战略主要围绕以下几个方面展开:智能化生产:引入先进的生产设备和系统,实现生产线的自动化和智能化。通过数据采集、分析和优化,提高生产效率和产品质量;数字化营销:利用大数据和人工智能技术,实现精准营销和个性化推荐。通过社交媒体、搜索引擎、内容营销等手段,提高品牌知名度和用户转化率;信息化管理:建立完善的信息管理系统,实现内部流程的信息化和规范化。通过数据共享和分析,提高管理效率和决策水平;电商化布局:拓展线上销售渠道,打造线上线下一体化的销售模式。通过电商平台、自建商城等途径,提高销售额和用户满意度。

数字化转型已经成为家居行业发展的必然趋势。大信通过智能化生产、数字化营销、信息化管理和电商化布局等方面的实践和创新,取得了显著的数字化转型成果。未来,大信家居集团将继续深化数字化转型战略,加强技术创新和人才培养,以更好地满足消费者需求和市场变化,实现更加卓越的业绩和可持续发展(图3-5)。同时,更多的家居企业将积极拥抱数字化转型,共同推动整个行业的进步和发展。

图3-5　大信的数字化赋能

3.4 万物互联设计生态

INTERNET OF EVERYTHING FESIGN ECOLOGY

　　万物互联是指通过网络技术将各种设备、物品和人员相互连接,实现信息交换和智能交互的一种生态系统。在万物互联生态中,数据成为了核心要素,推动了各行业的发展和变革。万物互联设计生态的核心在于创造一个无缝连接、智能互动的环境,让各种设备和系统能够高效协作。万物互联生态的起源可以追溯到20世纪90年代末期,在此时代背景下,物联网的概念应运而生。物联网是指通过射频识别、传感器、全球定位系统等技术,实现物体与物体之间的信息交换和远程控制。在万物互联设计生态中,设计师需要关注设备的互操作性、数据的安全性和用户体验的无缝性。移动互联网、云计算、大数据、人工智能等技术的发展为万物互联提供了强大的支撑。这些技术的发展使得数据传输速度更快、数据处理能力更强、智能化水平更高。各国政府对物联网的发展给予了高度重视,出台了一系列政策支持和资金投入,推动了物联网技术的研发和应用。随着人们对智能化生活的追求,越来越多的企业和消费者开始关注万物互联带来的便利和价值,市场需求不断增长。

　　据主流市场研究机构预测,全球物联网市场规模在未来几年将继续保持高速增长,到2025年有望达到1400亿美元。其中,中国物联网市场规模将在2025年超过4000亿元人民币。据统计,全球物联网连接数从2010年的10亿个增长到了2020年的100亿个,预计到2025年将达到300亿个。其中,中国物联网连接数从2015年的1.5亿个增长到了2020年的40亿个,预计到2025年将达到100亿个。

　　万物互联生态在智能家居、智慧城市、智能制造、智慧农业等众多领域得到了广泛应用。以智能家居为例,据市场研究机构预测,全球智能家居市场规模将从2019年的343亿美元增长到2024年的759亿美元,年复合增长率达16.1%。在中国,智能家居市场规模也在不断扩大,据统计,中国智能家居市场规模在

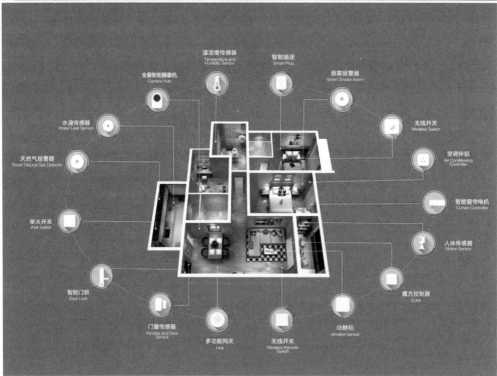

温湿度传感器
Temperature and Humidity Sensor

智能插座
Smart Plug

全景智能摄像机
Camera Hub

烟雾报警器
Smart Smoke Alarm

水浸传感器
Water Leak Sensor

无线开关
Wireless Switch

天然气报警器
Smart Natural Gas Detector

空调伴侣
Air Conditioning Controller

单火开关
Wall Switch

智能窗帘电机
Curtain Controller

人体传感器
Motion Sensor

智能门锁
Door Lock

魔方控制器
Cube

门窗传感器
Window and Door Sensor

多功能网关
Hub

无线开关
Wireless Remote Switch

动静贴
vibration sensor

图3-6　万物互联

2019年达到了403亿元人民币,预计到2025年将达到807亿元人民币。万物互联生态的发展催生了一系列创新成果。例如,智能音箱、智能门锁、智能家电等智能化产品的普及,提高了人们的生活品质;智慧城市的建设为城市管理带来了便利;智能制造提高了生产效率;智慧农业实现了农业生产的精准管理和高效运作。

万物互联设计生态将物理世界与数字世界紧密融合,创造出令人惊叹的智能产品和服务。万物互联生态将催生更多智能化产品的出现,这些产品将更加智能化、个性化,满足人们更高层次的需求。万物互联将与其他产业领域进行更深的融合应用,如与医疗、教育、旅游等领域的融合,为人们提供更加便捷、高效的服务。通过对海量数据的挖掘和分析,可以为各行业提供更加精准的决策支持和服务体验。然而,万物互联生态将面临更多的安全挑战和风险。未来将需要更加完善的安全保障体系和技术手段来保护数据安全和隐私保护。因此,万物互联生态的发展与建设是一个长期的过程,需要各方的共同努力和合作。放眼未来,万物互联生态将在更多领域得到应用和推广,为人们带来更加美好的生活体验和社会价值。

万物互联生态催生家居行业经历一场前所未有的变革。万物互联技术使得家居产品能够实现智能化和个性化,满足消费者对于智能化生活的需求。智能照明、智能安防、智能家电等产品已经成为家居市场的热销产品,消费者对于这些智能化产品的需求持续增长。万物互联使得家居产品能够产生大量的数据,这些数据可以为家居企业提供宝贵的洞察和价值。通过对数据的挖掘和分析,家居企业可以更好地了解消费者需求,优化产品设计,提升用户体验,实现精准营销等。

万物互联使得家居行业与其他行业得以跨界合作和融合,拓展了家居企业

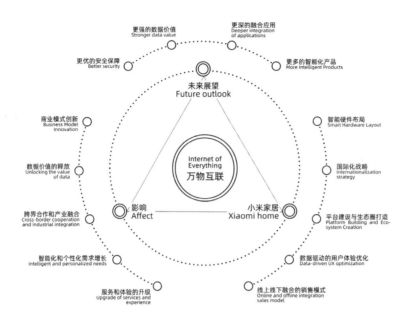

图3-7 万物互联的未来展望、影响及小米家居案例分析

的业务范围和市场空间(图3-6)。家居企业可以与智能硬件企业、互联网企业、电商企业等展开合作,共同推出新产品和服务,满足消费者多元化需求。万物互联生态推动了家居行业的商业模式创新。定制化、共享经济、租赁等新型商业模式在家居行业中得到应用,为消费者提供了更多选择和价值。万物互联提升了家居行业的服务和体验水平。通过智能化和数据分析,家居企业可以提供更加精准和个性化的服务,优化用户体验,提高用户满意度和忠诚度。在构建万物互联设计生态时,必须考虑平台的开放性、设备的兼容性以及整个系统的安全性(图3-7)。

小米家居是万物互联转型的典范之一。其一,小米以智能手机业务起家,逐渐扩展到智能硬件、家电等领域,形成了完整的智能生态链。小米不断推出各种智能家居产品,包括智能门锁、智能照明、智能家电等,这些产品都具备智能化、互联网、远程控制等功能,为用户提供便捷的生活体验。其二,通过开放硬件平台,吸引了大量创客和开发者参与智能硬件的创新和开发,进一步丰富了小米智能家居的产品线。小米构建了完善的智能家居平台和生态系统,通过统一的平台将各种智能家居产品进行连接和管理。其三,小米智能家居产品能够收集大量的用户使用数据,通过数据分析,小米能够更好地了解用户需求和行为习惯,从而优化产品设计和服务体验。数据驱动的用户体验优化已经成为小米智能家居的核心竞争力之一。其四,小米采用线上线下融合的销售模式,通过线上电商平台和线下实体店相结合的方式销售智能家居产品。这种模式使得小米能够更好地满足不同消费者的需求,提高销售效率和用户体验。

万物互联对家居行业的影响深远且积极。像小米这样的企业通过积极拥抱万物互联转型,实现了业务拓展、用户体验优化和市场拓展等方面的突破和创新。在国内整体橱柜行业发展的初期,一些厂商率先采用国外先进的制造设备和设计体系,迅速建立生产体系,满足市场的需要。但是,这种做法,需要大量的资金用于购买国外设备,同时需要建立装饰设计师队伍以满足客户需要和专业工程师队伍以进行复杂的拆单作业,由此带来的高额的人工成本和管理成本是很多企业难以承受的,这也给分散于各个城市的经销商提出了很高的要求,需要配置具备专业能力的一定数量的装饰设计师才能够维持门店的运营。对于资源受限的创业企业而言,这蕴含着巨大的风险。

大信面对万物互联的机遇与挑战,提出了模块化设计的应对方案,允许企业在不影响整体系统的情况下,对单个模块进行替换或升级。这使得企业能够根据市场需求快速调整产品,或者为特定客户提供定制化的解决方案。通过批量生产模块,可以显著降低单个产品的成本,这便是大信运用万物互联生态系统实现"最小单元"设计模块的过程。此外,模块化设计简化了生产过程,降低了制造难度,进一步节省了成本。每个模块都可以独立地进行测试和验证,确保了每个模块的质量。这种独立的质量控制流程降低了整体故障的风险。模块化设计使得设备的维护变得简单和高效。当某个模块出现故障时,可以快速更换,而无须对整个系统进行检修。模块化设计鼓励团队成员分别负责不同的模块,从而提高了团队的协作效率。

在企业整体运营过程中,每个团队成员都可以专注于自己的模块,实现更高的专业化水平。首先,需要明确模块的划分标准,这通常基于功能、物理属性或逻辑结构。合理的模块划分应确保每个模块具备明确的功能、合适的规模和易于互操作的特点。其次,模块间的互操作性依赖于清晰的接口定义。接口应包括信号传递、数据交换和物理连接等方面的规定,以确保不同模块之间的无缝集成。为了实现模块间的有效通信,需要制定统一的通信协议,包括通信方式、数据格式和传输速率等方面的规定。最后,在完成各个模块的设计和生产后,需要进行集成测试,以确保所有模块能够协同工作。集成测试应覆盖各种工作场景,验证系统整体的性能和稳定性。由此可见,模块化设计是一个迭代的过程。在产品投入使用后,应持续收集用户反馈和市场信息,对现有模块进行优化或开发新的模块,以保持产品的竞争力。

　　综上所述,借助万物互联的模块化设计可以广泛应用于各种领域,如电子产品、汽车制造、软件开发等。以电子产品为例,手机、电脑等设备通常采用模块化设计。制造商可以独立生产处理器、显示屏、电池等模块,然后将其组装在一起。这种设计方法不仅简化了生产流程,还为产品的升级和维修提供了便利。模块化设计是一种高效且灵活的设计方法,它通过将复杂系统分解为可互操作的模块,简化了设计和生产过程。通过合理划分模块、明确接口和通信协议、进行集成测试并持续优化改进,我们可以实现高质量、低成本、高灵活性的产品设计和生产。

3.5 休闲文旅平台

LEISURE AND CULTURAL TOURISM PLATFORM

文化旅游已经成为一种新的消费趋势。游客不再满足于简单的观光游览，而是追求更深层次的文化体验。文化旅游是一种以文化为主要内容，以旅行为主要方式的一种新型旅游形式，它结合了文化与旅游两个方面的特点，是文化与旅游相互融合的一种现象。休闲文旅平台的建设，应注重文化与旅游的深度融合，打造具有地域特色的旅游体验。因此，如何设计具有吸引力和特色的文化旅游体验，成为旅游行业亟待解决的问题。

设计文旅体验的目标，其一，满足游客对文化探索和深度体验的需求，同时提升旅游目的地的文化形象和品牌价值。休闲文旅平台需要整合多元文化资源，提供个性化的旅游服务，以满足游客的多样化需求。其二，确保游客体验到的文化是真实、原汁原味的，避免过度商业化和失真。在文旅体验设计中，要尊重当地文化的独特性和原始性，避免过度商业化对文化的侵蚀和破坏。同时，要加强对当地文化的保护和传承，提高当地居民对自身文化的认同感和自豪感。提供丰富的互动环节，让游客主动参与其中，增强游客的参与感和记忆点。通过设置多样化的互动环节，让游客参与到文化体验中，增强游客的参与感和互动性。

选择具有地方特色的文化主题，如民俗、历史、艺术等，为游客打造独特的文化体验。在主题设计中，要深入挖掘当地文化的独特性和原始性，提炼出具有代表性的文化元素和符号。同时，要根据市场需求和游客喜好进行主题策划和设计，打造独特的文化体验；合理规划游客动线，利用景观、建筑等元素营造文化氛围，使游客沉浸其中。在空间布局中，要合理规划游客的行进路线和活动空间，充分利用景观、建筑等元素营造出浓郁的文化氛围。例如，可以利用当地的建筑风格和特色景观来打造独具特色的文化景点和景区；设计丰富多彩的文化活动，如民间工艺体验、地方戏剧表演、特色美食制作等。在活动策划中，要结合当地文化的特点和市场需求进行创意设计,推出丰富多彩的文化活动。例如,可以组织游客参加当地的民间工艺制作、地方戏剧表演等活动,让游客亲身体验当地文化的独特魅力;引入 AR、VR 等技术手段,为游客提供互动式、沉浸式的文化体验,增强游客的参与感。利用现代科技手段如 AR、VR 等为游客提供互动式、沉浸式的文化体验是增强游客参与感的有效途径。例如通过虚拟现实技术让游客身临其境地感受当地的历史文化或民俗风情;通过增强现实技术让游客与文物或艺术品进行互动。

休闲文旅平台应当关注游客的休闲体验,创造舒适、放松的旅游环境,让游客在旅游中获得身心的愉悦。休闲文旅平台需要借助创意产业的力量,开发富有创意和特色的旅游产品,提升旅游产业的附加值。设计文旅体验作为一种新型的旅游方式,对家居产业产生了深远的影响。它不仅为家居产业提供了新的发展方向和机遇,也带来了挑战和变革(图3–8)。

在国内外知名的家居企业中,"宜家"在设计文旅方面做得非常出色。以宜家为例,详细介绍其如何使用设计文旅、为什么使用、使用前与使用后的变化,以及具体的数据表现。宜家在设计过程中,注重从世界各地的传统文化中汲取灵感,将不同地区的文化元素融入产品设计中。例如,宜家曾推出"全球本土化"系列家具,该系列家具融入了不同国家的文化元素,让消费者在购买家具的同时,也能感受到不同文化的魅力。宜家通过创造体验式购物环境,让消费者在购物过程中感受到家居美学的魅力。例如,宜家在卖场中设置了样板间,让消费者能够亲身体验不同风格的家居布置,从而激发消费者的购买欲望。此外,宜家还推出了"DIY"自助装配家具的概念,让消费者在享受宜家优质产品的同时,也能体验到装配家具的乐趣。

宜家不断寻求与其他领域的合作与创新,以拓展其设计文旅的边界。例如,

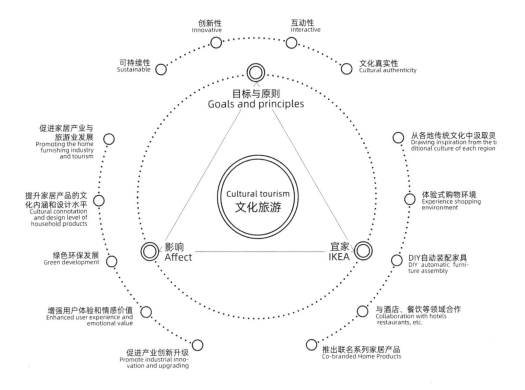

创新性
Innovative

互动性
Interactive

可持续性
Sustainable

文化真实性
Cultural authenticity

目标与原则
Goals and principles

促进家居产业与
旅游业发展
Promoting the home
furnishing industry
and tourism

从各地传统文化中汲取灵
Drawing inspiration from the tra-
ditional culture of each region

提升家居产品的文
化内涵和设计水平
Cultural connotation
and design level of
household products

Cultural tourism
文化旅游

体验式购物环境
Experience shopping
environment

绿色环保发展
Green development

影响
Affect

宜家
IKEA

DIY自动装配家具
DIY automatic furni-
ture assembly

增强用户体验和情感价值
Enhanced user experience and
emotional value

与酒店、餐饮等领域合作
Collaboration with hotels
restaurants, etc.

促进产业创新升级
Promote industrial inno-
vation and upgrading

推出联名系列家居产品
Co-branded Home Products

图3-8 文化旅游的设计元素、目标与原则及影响

宜家与艺术家、设计师、建筑师等合作,推出联名系列家居产品;同时,宜家还与酒店、餐饮等领域合作,将家居美学延伸至更广泛的生活场景中。宜家用设计文旅的主要原因是为了提升品牌形象和市场竞争力。然而,单纯的实用性已经不能满足消费者的需求。消费者更加注重产品的设计感、文化内涵以及与自身生活方式的匹配度。因此,宜家通过设计文旅的方式,提升产品的文化内涵和设计水平,满足消费者的个性化需求,从而增强品牌影响力和市场竞争力。

大信集团建造博物馆,运用设计思维,极大地增加了用户体验。第一,大信构建了包括目标消费群体与潜在消费者在内的用户生态链条,用文旅体验方式引流消费者、游客、文化历史研究学者、高校师生、企业家与企业管理人员,设计师与艺术家、家居行业从业人员,以及所在城市与周边城市居民。通过沉浸式文化园区游览与体验,让参观者有机会近距离观察生产,引导体验者接纳新的生活理念与方式,进而理解企业文化与建立品牌信心。让使用者走近企业,同时让企业的设计团队走近用户,增加社会各界了解设计园区创新价值的触点,加深企业

图3-9 大信博物馆的文旅

内部对工业设计创新、用户需求和市场经济活力关联的认知。通过将文化元素融入设计和布局,大信家居集团成功地打造了一个充满艺术氛围和知识探索的博物馆。博物馆的外观设计独特,灵感来源于中国传统风格,同时又融入了现代元素,使整个建筑既有古典韵味又不失现代感。第二,博物馆内部布局合理,各展区之间相互连通,形成了一个有机的整体。在展品陈列方面,大信家居集团注重将实物展示与数字化展示相结合。在博物馆内,游客可以欣赏到精美的家居展品,了解家居文化的历史背景和演变过程(图3-9)。

大信以传统文物集群为载体传承中国传统文化,响应中国优秀的生活形态与行为习惯,构建企业工业设计中心与中国文化传播融合型发展基地。庞总希望:"中国的工业设计发展需要从自身文脉中找到方向,大信结合在地优势以深厚的中华优秀传统文化研究为资源,分析中国生活形态的本质与内涵,建立用户行为习惯模型,以产品创新设计体现中国文化与东方美学,让来访者在具有文化教育价值的体验中产生对产品品质的信任、品牌文化的认同以及设计审美的共鸣,这便构筑了大信的企业信仰。"企业信仰维度的建立一方面来自消费者的认同,更为关键的是企业内部坚定的发展目标,只有这样才能实现企业社会影响力并弘扬中华文化。

综上所述,大信家居集团在建造博物馆时运用设计文旅思维是十分成功的。这不仅增加了用户体验和参与度,同时也提升了品牌知名度和商业收益。未来,随着设计文旅的不断发展和完善,相信会有越来越多的企业将这一理念应用到产品设计和品牌推广中。

参考文献：

[1]　Gerald E. Ledford, Jon R. Wendenhof, James T. Strahley, "Realizing a Corporate Philosophy ," Organizational Dynamics, 1995 (3).

[2]　田志龙:如何解读中国企业家管理思想: 几点思考与建议,管理学报 2018 年第 8 期。

[3]　Moore, R. , "Business Philosophy," Bulletin of the Business Historical Society, 1950 (4).

[4]　张祖耀,范梦琳,林效宇. 基于移情到共情的博物馆文创产品设计[J]. 包装工程,2022.

[5]　Norman, D. A. (2013). The Design of Everyday Things. Basic Books.

[6]　Garrett, J. J. (2010). The Elements of User Experience: User-Centered Design for the Web and Beyond. Rosenfeld Media.

[7]　Norman, D. A. (2004). Emotional Design: Why We Love (or Hate) Everyday Things. Basic Books.

[8]　Weinschenk, S. (2011). 100 Things Every Designer Needs to Know About People. New Riders.

[9]　Rigby, D. K., Bloom, P. J., & McIntyre, A. M. (2019). The Digital Transformation Playbook: Rethink Your Business for the Digital Age. Harvard Business Review Press.

[10]　Safian, R. (2018). Digital Leadership: The Key to Transforming Your Business. PublicAffairs.

[11]　杨国平,李海英. (2020). 工业互联网:赋能制造业的新引擎. 机械工业出版社。

[12]　Westerman, G., Bonnet, D., & McAfee, A. (2019). The Future of the Firm: How Traditional Companies Can Outperform Disruptive Competitors. MIT Press.

[13]　Shih, P. C., Yen, D. C., & Liu, B. (2020). Internet of Things Design: Building the Smart World of Connected Devices. CRC Press.

[14]　McEwen, A., & Cassimally, H. (2016). Designing the Internet of Things: A Complete Guide to Building Projects from Scratch Using Arduino and Raspberry Pi. John Wiley & Sons.

[15]　Rose, D. (2015). The Enchanted Objects: Innovation, Design, and the Future of Technology. FT Press.

[16] Guinard, D., & Trifa, V. (2016). Building the Internet of Things: Implement New Business Strategies, Innovate at Scale, Transform Your Industry. Apress.

[17] 刘振礼. (2009). 休闲旅游开发与规划. 旅游教育出版社。

[18] 田里. (2015). 文化旅游：理论与实践. 清华大学出版社。

[19] 马惠娣. (2004). 休闲旅游学. 旅游教育出版社。

[20] 厉无畏. (2010). 文化旅游创意产业：理论与实践. 上海人民出版社。

第四章　生活方式的沉浸传播

LIFESTYLE IMMERSION COMMUNICATION

4.1 可参与的文化活动

PARTICIPATORY CULTURAL ACTIVITIES

　　文化活动不仅是一种娱乐方式,更是一种生活态度和价值观念的体现。通过参与文化活动,人们可以感受到不同的文化氛围,提升自己的文化素养,加强社区的凝聚力和文化认同,使每个人都能在其中找到归属感和自我价值(图4-1)。首先,文化活动能够满足人们的精神需求。在快节奏的现代生活中,人们往往面临着巨大的压力和焦虑。参与文化活动可以让人们放松心情,缓解压力,提高生活品质。通过参与不同类型的文化活动,人们可以了解不同的文化背景、价值观念和生活方式,从而拓展自己的视野,增强对世界的认知和理解。文化活动还能够促进社会交流与互动。在文化活动中,人们可以结识志同道合的朋友,交流心得体会,共同探讨文化问题。这种交流与互动有助于增进人与人之间的了解和信任,促进社会和谐发展。文化活动体验的类型多种多样,涵盖了文学、艺术、科技、体育等多个领域。

　　企业鼓励员工参与具有时代特色和企业特色的文体活动,员工可以在放松身心的同时,提升专业技能,改良工作理念,增加工作乐趣,刺激工作灵感和创新性发展,从而更好地达到工作目标。此外,员工在参与活动的过程中,可以加深彼此间的认识,放松心情,创造一种家的归属感,这会使员工更安心工作,对其职业生涯的成长有积极的影响。

　　阿里巴巴集团是一个完美运用文化体验活动的国内外知名大企业。阿里巴巴集团非常注重企业文化的建设,通过各种文化体验活动,让员工更好地了解和认同企业文化,增强员工的归属感和凝聚力。首先,阿里始终将客户放在首位,致力于为客户提供最优质的服务和产品。阿里强调团队合作的重要性,鼓励员工之间相互协作、共同成长。其次,阿里认为变化是唯一不变的事物,因此鼓励员工积极拥抱变化,不断创新和进步。其三,阿里注重诚信经营,要求员工遵守道德规范和法律法规,保持正直诚信的品质。其四,阿里巴巴鼓励员工保持对

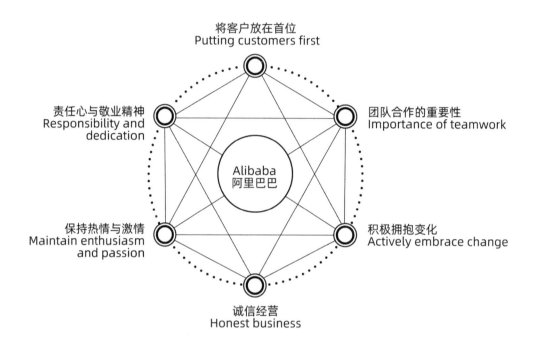

将客户放在首位
Putting customers first

责任心与敬业精神
Responsibility and
dedication

团队合作的重要性
Importance of teamwork

Alibaba
阿里巴巴

保持热情与激情
Maintain enthusiasm
and passion

积极拥抱变化
Actively embrace change

诚信经营
Honest business

图4-1　文化活动的意义、实施及注意事项

工作的热情和激情,以积极的心态面对挑战和机遇。最后,阿里巴巴要求员工具备高度的责任心和敬业精神,以专业的态度对待工作和客户。

阿里巴巴集团的文化体验活动非常丰富多样。例如,阿里日是集团的年度纪念日,在这一天举行各种庆祝活动,让员工感受到企业的温暖和关怀;阿里味儿是集团的企业文化课程,通过各种形式的活动,让员工深入了解阿里的文化和价值观;阿里之夜是集团的年度晚会,会邀请员工家属参加,通过各种文艺表演和互动游戏,让员工和家人一起度过一个愉快的夜晚。阿里巴巴集团积极参与公益事业,通过各种公益活动,让员工感受到企业的社会责任感和使命感。这些文化体验活动不仅让员工更好地了解和认同企业文化,还增强了员工的归属感和凝聚力。由此,阿里巴巴集团的企业文化也得到了广泛认可和赞誉,为企业的发展提供了强有力的支持。

通过举办各种文化体验活动,让员工更好地了解和认同公司的文化和价值观,从而增强员工的归属感和凝聚力。这些活动也是阿里巴巴向外界展示其企业文化和价值观的重要窗口,有助于提升企业的品牌形象和知名度。员工可以不断提升自己的专业技能和综合素质,为公司的长期发展提供有力的人才保障。阿里鼓励员工积极拥抱变化、不断创新和进步,这些活动有助于激发员工的创新意识和创造力,推动企业的创新发展。

大信也十分重视以文化活动作为交流的"窗口",企业独资建设的大信博物馆聚落,作为中华优秀传统文化教育基地、爱国主义教育基地、河南省科普教育基地、国家3A级旅游景区,免费对外开放,是一个社会公共服务平台。这里包括大信厨房博物馆、大信非洲木雕艺术博物馆、大信华彩(中华色彩)博物馆、大信明月家居博物馆以及大信镜像艺术博物馆。图4-2是郑州富士康组织员工家庭专程到大信博物馆聚落参观体验。在大信董事长庞学元的带领下,团队参观了各个博物馆,深入了解了中华文化的历史悠久及博大精深,体验了中国古人的智慧,对中华民族的自豪感油然而生,同时也为大信建设博物馆聚落这个爱国情怀深深感动。大信家居集团通过文化体验活动,让人们更加深入地了解中华文化、中国古人的智慧,提升了人们的民族自豪感,同时也弘扬了大信的爱国情怀。

大信的生产基地部分置于国家级工业设计中心之中,对外开放形成企业工业旅游参观与考察模式。企业将工业文旅作为激活经济的渠道纳入发展战略,工业文旅不仅提供购物体验,还将工厂面貌、生产过程、企业文化通过设计形成叙事,以此输出企业文化。进入大信工业设计中心的参观体验层次丰富,参观者从先进生产车间观察开始,生产基地展示大信自主研发的最新技术与设计成果,

图4-2　大信博物馆文化活动

参观线路涵盖：原料生产车间、加工车间、装配车间、五金配件安装车间、吸塑与封边车间、冷压与覆膜车间、打包车间和售后维修车间。通过产品质量与品质的分析，让参观者对企业信用建立信心；随后进入"家文化"生活场馆体验区域，大信在中国房地产公司中甄选20个经典户型，根据20种家庭建立用户心智模型，打造出20套既具有现代生活品质又蕴含中国传统文化精神的家居空间。

　　员工和家庭成员可以免费参观大信博物馆聚落内的各个博物馆，包括大信厨房博物馆、大信非洲木雕艺术博物馆、大信华彩（中华色彩）博物馆、大信明月家居博物馆以及大信镜像艺术博物馆。每个博物馆都有专业的讲解员，他们会详细介绍博物馆的展品和背后的历史文化故事，帮助参观者深入了解中华文化的博大精深。参观者可以亲自动手体验一些传统的工艺制作，从而更直观地感受中华文化的魅力。大信家居集团还会定期举办主题讲座和研讨会，邀请专家学者就某一文化主题进行深入探讨，为员工和公众提供一个学习和交流的平台。大信家居集团还会在各种传统节日期间举办相应的庆祝活动。大信家居集团可能会举办内部的设计比赛或创新竞赛，鼓励员工发挥自己的创意和才能，以更好地理解和传承中华文化。大信家居集团也积极参与社会公益活动，如捐助博物馆、支持文化教育项目等，以此回馈社会，进一步弘扬中华文化。

　　这些活动的目的主要是通过提供学习和体验的机会，让员工和公众更深入地了解中华文化的历史和内涵，提升对中华文化的认同感和自豪感。同时，也有助于弘扬企业的爱国情怀和社会责任感。

4.2 可体验的生活行为
EXPERIENCABLE LIFE BEHAVIORS

　　生活行为是指人们在日常生活中所表现出来的一系列行为活动,包括饮食、起居、娱乐、社交等方面。生活的体验不仅仅是物质上的享受,更多的是对环境的感知、对文化的理解和对人际关系的体验。中国企业拥有国家级工业设计中心的优势在于高效的设计研究与创新探索,以此构筑产品兼具质量和品质的信用基础。大信致力于为用户打造可体验的生活情境,并鼓励设计人员对用户在体验场景中的行为进行捕捉,以最自然的方式获取用户需求(图4-3)。庞总介绍:"大信的工业设计中心涵盖文化博物馆集群、智能制造生产车间与可视厅、'家文化'家居展示空间和云计算中心,中心对大众开放来引导参观者主动了解与体验企业文化,通过'体验营销'模式大信实现用户对品牌的认知。"

　　伯德·施密特在《体验式营销》中从感知、情绪、思考、行为和关系五个方面重新定义了设计营销的思维方式,认为消费是理性与感性兼具的,在消费前、中和后的体验才是企业与用户建立信任的关键。较早开启"体验营销"模式的是宜家家居,宜家以消费者为中心,卖场提供多个家庭情境体验模块唤起消费者的情感共鸣,所谓"即看即买"的销售模式也降低了售后不满意风险。同时,工业设计中心提供开放式的生产加工基地,让参观者看到品牌产品的生产流程与技术工艺,进而完成对企业更深层次的认知。地处沈阳的华晨宝马铁西工厂是提供开放式工厂的典例,企业提供近两小时的身临其境工厂内部走访,为参观者"解密"宝马汽车背后高质量的生产流程和世界领先的制造工艺,工厂参观路线涵盖冲压、焊接、涂装和总装四个部分,全视角、开放式的用户体验理念融汇数字创新科技、德国工业4.0和中国工匠精神有机融合。

　　以上两个层次的品牌认知本质上是一次关于设计体验的创新探索,将品牌文化体验与生产体验相融合,成为大信品牌建立企业信用和推广产品的独特优势。约瑟夫·派恩和詹姆斯·吉尔摩(1998)在《哈佛商业评论》中提到"体验

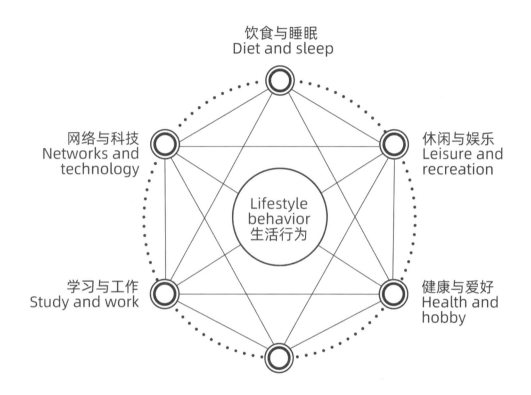

饮食与睡眠
Diet and sleep

网络与科技
Networks and
technology

休闲与娱乐
Leisure and
recreation

Lifestyle
behavior
生活行为

学习与工作
Study and work

健康与爱好
Health and
hobby

图4-3　生活行为的日常、经营策略及影响

式经济时代已经来临"。所谓体验经济其核心是服务,将商品作为触点,致力于体验情境打造,引领消费者主动了解和接纳品牌。继农业经济、工业经济和服务经济之后,体验经济以新的经济形态走入大众视野。以体验引流用户走近企业工业设计中心,增进用户的参与感、获得感、便利感、舒适感和尊重感。

此外,生活行为与企业之间有着密切的关系。员工的个人生活习惯会直接影响到他们在工作中的表现,从而影响到企业的整体绩效员工的健康状况直接影响到他们的工作效率。良好的饮食习惯,适当的运动和充足的睡眠可以提高员工的健康状况,降低疾病风险,从而提高工作效率。良好的社交行为可以帮助员工建立良好的人际关系,增强团队凝聚力,从而提高团队合作效率。积极的生活态度可以帮助员工更好地应对工作压力,保持乐观的心态,从而在工作中展现出更好的工作态度。

可体验的生活行为不仅仅是个人的选择,它也受到社会结构、文化传统和个人经历的多重影响。企业应该采取措施来关注和改善员工的生活行为,以提高企业的整体绩效。提供福利计划、组织团队活动、实施道德和职业操守培训等,可以帮助员工改善生活习惯、提高工作质量和效率,促进企业发展(图4-4)。

红星美凯龙在经营过程中,不仅关注产品的销售,还注重消费者的生活行为和需求。例如,他们推出了上门回访老顾客的服务,通过倾听消费者的建议,解决售后问题,赠送家电清洗等家居维保服务,以此来优化消费者的购物体验。红星美凯龙通过关注消费者的生活行为,提供满足消费者需求的服务,成功地提高了消费者的满意度和忠诚度,从而实现了企业的持续发展。这种以消费者为中心,注重消费者生活行为的企业经营理念,值得其他企业学习和借鉴。

红星美凯龙的会员体系和积分体系是其重要的营销策略之一,旨在提高消费者忠诚度和促进消费。红星美凯龙的会员分为普通会员和VIP会员。普通会员在购买商品时可以享受一定的折扣和积分,而VIP会员则可以享受更多的优惠和服务。此外,红星美凯龙还会根据会员的消费情况和购买偏好,提供个性化的服务和礼品。会员在购买商品时可以获得积分,积分可以在下次购物时抵扣现金或者兑换礼品。红星美凯龙的积分兑换范围很广,包括家居用品、电器、床上用品、厨具等,满足了消费者的多种需求。此外,红星美凯龙还会举办一些会员活动,例如会员日、积分兑换活动等,来增加消费者的黏性和提高消费额。这些活动让消费者在购物的同时也能获得更多的实惠和乐趣。通过提供个性化的服务和优惠,满足消费者的需求,增加消费者的忠诚度和消费额,从而实现企业

图4-4 体验式的用户生活行为捕捉

的持续发展。

　　传统的企业营销模式是"一次性"的，企业只关注用户的购买行为，而忽略与用户建立长期的联系。而现代企业致力于拓展多渠道与用户随时进行积极、正向的互动与沟通，并且关注品牌旗下产品之间的系统建设，形成使用功能、使用方式、使用情境之间的互补，积极主动的需求供给会使用户建立对品牌的长期信任。正如大信集团庞总所坚持："大信企业持续不断地为用户提供有价值、积极正向的信息，这会让消费者更愿意与企业友好相处，企业也将借此改善与提升自身社会形象，通过服务设计与用户体验设计建立品牌的用户生态系统。同时，大信工业设计中心依照产业格局和周边环境效应，打造集'研发、运营、发行、销售、周边服务'于一体的完整产业价值链，最终建立可持续发展的生态系统。"

　　这些跟用户生活行为相关的经营策略可以帮助企业更好地关注消费者的需求和利益，提高服务的满意度，从而提高企业的整体绩效和竞争力。同时，这些经营策略也有助于企业建立良好的企业文化和品牌形象，从而吸引更多的优秀人才加入企业。

4.3 可融入的设计众创

INTEGRADABLE DESIGN CO-CREATION

可融入的设计众创是一种可持续的创新理念,旨在将不同领域的知识和技能结合起来,创造出满足人们需求且可持续的设计解决方案。可融入的设计众创的核心是创新和合作,强调从多元化的角度思考问题,并将不同的创意和想法融合在一起。众创空间的设计应致力于打破传统界限,融入多元化的创新元素,为创意的碰撞提供可能。

为了实现设计众创,需要采取以下措施:第一,建立跨领域的团队。建立由不同领域专业人士组成的团队,共同开展设计工作。团队成员应该具备互补的技能和知识,并能够相互协作和支持;第二,鼓励用户参与。与用户建立紧密的合作关系,鼓励用户参与设计过程。通过与用户交流、观察和反馈,设计师可以更好地理解用户需求,并创造出更符合用户期望的设计;培养可持续性意识:设计师应该具备可持续性意识,关注设计方案对环境和社会的影响。同时,应该采取环保材料和技术,尽可能减少设计方案对环境的负面影响;第三,勇于尝试和创新。设计师应该勇于尝试新的材料、技术、方法等,并不断优化设计方案。通过实验和创新,可以探索出更多的可能性,并创造出更具创新性的设计;第四,灵活调整和改进。设计师应该根据环境和需求的变化,灵活调整和改进设计方案。通过持续优化和改进,可以确保设计方案能够持续满足用户需求。

设计众创是一种具有创新性和可持续性的设计理念。通过跨领域的合作、用户参与、可持续性意识、实验和创新以及灵活性和适应性等措施,可以创造出更具创新性和可持续性的设计解决方案。可融入的设计众创强调设计师要深入了解用户需求,通过设计创新解决社会问题,实现设计与社会的和谐共生。

苹果公司通过与不同领域的专业人士合作,将可融入的设计众创理念应用于其产品设计中。例如,苹果手表的设计团队包括来自不同领域的专家,如设计、工程、健康等,他们共同合作创造出具有创新性和可持续性的产品;宜家在

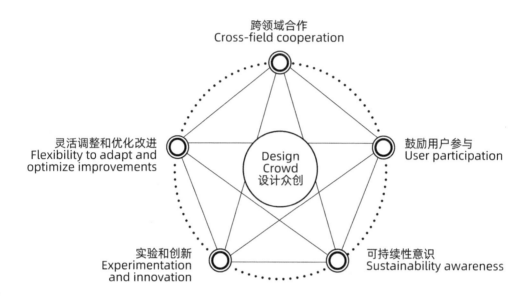

跨领域合作
Cross-field cooperation

灵活调整和优化改进
Flexibility to adapt and
optimize improvements

鼓励用户参与
User participation

Design
Crowd
设计众创

实验和创新
Experimentation
and innovation

可持续性意识
Sustainability awareness

图4-5 设计众创的特点、措施及企业典例

家具设计领域中运用可融入的设计众创理念。他们与全球各地的设计师合作，鼓励用户参与设计过程，并注重产品的可持续性和环保性。这种合作和用户参与的方式使得宜家的产品更符合用户需求，同时也促进了产品的创新和改进。特斯拉是电动汽车和清洁能源领域的领导者，也是可融入的设计众创理念的积极实践者（图4-5）。

特斯拉通过将不同领域的专业知识融合在一起，创造出具有影响力的产品，同时也推动了电动汽车和清洁能源行业的发展。第一，跨领域合作。特斯拉的团队成员来自不同的领域，包括设计、工程、电池技术、自动驾驶等。他们共同合作，将各自的专业知识和技能结合起来，创造出独特且具有创新性的产品。这种跨领域的合作方式有助于打破传统思维的限制,激发新的创意和可能性;第二,用户参与。特斯拉注重与用户的紧密合作,通过用户反馈和参与设计过程,创造出更符合用户需求的产品。特斯拉的用户不仅可以通过在线平台和社交媒体提供反馈和建议,还可以参与到产品的设计和开发过程中。这种用户参与的方式有助于提高产品的质量和用户体验,同时也增强了用户对特斯拉品牌的忠诚度;第三,可持续性。特斯拉的可融入设计众创理念注重产品的可持续性和环保性。他们致力于采用最先进的电池技术和能源解决方案,提高电动汽车的续航里程和性能,同时也推动清洁能源的普及和应用。特斯拉的电动汽车使用可再生能源充电,减少了碳排放和对环境的影响;第四,实验和创新。特斯拉勇于尝试新的材料、技术、方法等,不断推动电动汽车和清洁能源技术的创新。他们不仅在电池技术、自动驾驶等方面取得了重要突破,还通过不断优化产品设计和技术创新,提高了产品的性能和用户体验;第五,灵活性和适应性。特斯拉根据市场和用户需求的变化,灵活调整和改进产品设计和功能。他们不断优化产品的性能和用户体验,以满足不同用户的需求。

综上所述,特斯拉的电动汽车设计团队由来自不同领域的专家组成,他们共同合作创造出具有创新性和可持续性的产品。例如,特斯拉的Model S轿车采用了流线型设计和空气动力学设计,提高了车辆的续航里程和性能;特斯拉的Model X SUV则注重用户体验和创新性,配备了鹰翼门和全景天窗等独特设计元素;特斯拉在电池技术方面取得了重大突破,开发出了高能量密度、长寿命的锂离子电池。这种电池不仅提高了电动汽车的续航里程和性能,还降低了电池成本。特斯拉还致力于研发更先进的电池技术,如固态电池和锂硫电池等;特斯拉在自动驾驶技术方面不断创新和发展。他们的自动驾驶系统集成了多种传感器和计算机视觉技术,实现了车辆的自主导航、障碍物识别和避障等功能。特斯拉的自动驾驶技术不仅提高了道路安全性和交通效率,也为用户提供了更加智能和便捷的出行方式;特斯拉致力于建设和优化充电网络,为用户提供更加便捷的充电服务。他们不仅在公共场所建设充电站,还为用户提供家庭充电桩和移动充电服务。这种充电网络的建设有助于提高电动汽车的使用便利性和用户体验;特斯拉注重软件更新和服务改进,通过在线升级和个性化服务为用户提供更好的使用体验。他们不断优化车载系统的功能和性能,增加新的应用和服务,如导航、语音助手、在线音乐等。同时,特斯拉还提供个性化的定制服务,如车身颜色、轮毂样式等,以满足用户的个性化需求。

大信在运营过程中也充分运用了设计众创理念。通过与不同领域的合作伙伴进行深度合作,将各自的专业知识和创新能力结合,共同研发出符合市场需求的家居产品。这种跨领域的合作模式不仅拓宽了设计思路,还加速了产品创新的速度;大信家居注重用户的参与和体验,通过多种方式收集用户反馈和需求,将其融入产品设计和生产中。例如,他们建立了完善的用户体验体系,包括线上线下的体验店、VR虚拟现实体验等,让用户能够亲身感受产品的品质和舒适度,从而提供更有针对性的产品(图4-6);同时,大信在产品设计、材料选择和生产过程中都注重环保和可持续性。他们积极采用环保材料,减少生产过程中的污染和浪费,同时推动循环经济的发展,通过旧家具回收再利用等方式,降低资源消耗;大信家居将智能制造与信息化技术深度融合,通过数字化、智能化的生产方式提高生产效率和产品质量。他们建立了完善的信息化系统,实现了从设计到生产、销售、服务等全流程的信息化管理,大大提高了企业的运营效率和市场响应速度;大信家居创新性地开展了工业旅游项目,将工厂生产线和展厅向公众开放,让消费者能够亲身体验家居产品的制造过程和大信品牌的文化内涵。这种独特的品牌传播方式不仅增强了消费者对品牌的认知度和信任感,还

图4-6　大信的设计众创模式

为大信家居带来了更多的商业机会。

　　大信在使用设计众创理念后取得了丰硕的成果。通过不断创新、优化用户体验、加速产品上市速度、增强品牌影响力以及拓展业务领域等方面，大信实现了持续的发展和进步。设计众创的核心在于跨界合作与共享创新，让不同领域的知识与技能得以交融，从而创造出更具包容性和影响力的设计成果。

4.4 可拓展的设计事业

EXPANDABLE DESIGN CAREER

设计事业是一个非常宽泛的概念,它涉及许多不同的领域和方面。设计事业需要设计师保持敏锐的洞察力和持续的创新思维,不断将设计应用于新领域,推动事业的多元发展。设计事业有很多不同的方向,关键是要找到自己感兴趣的领域,不断提高自己的技能和创造力,以适应市场需求和客户需求的变化。拓展设计事业的过程中,战略规划和执行力同样重要。通过明确的目标设定和有效的资源调配,设计师可以将创意转化为实际的影响力和商业价值。

企业应鼓励员工不断拓展设计事业的广度与深度,其途径是不断学习和实践。例如,企业鼓励设计部门的员工不断掌握新的设计软件,模仿和学习优秀作品、实践项目、参加设计比赛、建立个人作品集以及不断学习和提高。此外,拓展事业需要领导者具备前瞻性的视野和卓越的团队协作能力。通过激发团队的设计创新潜力,共同推动设计的原理和原则积累,如色彩理论、排版原则、布局和网格等。这些基础知识将有助于设计团队更好地把握设计效果,提升设计水平。最后,通过实践项目,将所学的知识和技能应用到实际中,积累设计经验,从简单的项目开始,逐渐挑战更复杂的设计任务,提升设计能力。

企业拓展事业的有效途径是加强学习与积累,面对人工智能时代,可以通过多种渠道实现企业的设计事业拓展,但在此之前需要明确:第一,明确学习目标。例如提高员工技能、改善业务流程、提升创新能力等。明确的目标有助于制订具体的学习计划和评估学习效果;第二,加强内部培训。企业可以组织内部培训,针对员工的需要,定期开展技能培训、管理培训、市场分析培训等。这种学习方式可以确保员工的知识更新和技能提升;第三,强化外部培训。外部培训是指通过外部培训机构或在线学习平台进行的培训,如EMBA课程、专业认证考试等。这种学习方式可以帮助员工获取更广泛的专业知识和技能;第四,鼓励分享会和研讨会。企业可以定期组织分享会和研讨会,让员工分享自己的经验和知识，促进知识交流和传播。这种方式可以提高员工的参与度和知识共享；第五，投身实践项目。通过实践项目企业可以将学习到的知识和技能应用到实际工作中，提高员工的实践能力和问题解决能力。例如，企业可以设立创新项目，鼓励员工进行创新实践；第六，建立导师制度。企业可以建立导师制度，让经验丰富的员工成为新员工的导师，通过一对一的指导帮助新员工快速适应工作环境和提升技能；第七，建设数字化学习媒介。企业可以通过在线学习平台、企业内部社交媒体等途径，提供丰富的学习资源，方便员工随时随地学习；第八，强化评估与反馈。企业需要建立学习的评估和反馈机制，定期评估学习效果，根据评估结果调整学习计划和策略。同时，鼓励员工对学习过程和效果进行反馈，促进持续改进；第九，营造学习文化。企业应营造一种重视学习和创新的文化氛围，鼓励员工不断学习和探索新知。例如，通过设立创新奖励、评选优秀员工等方式，激励员工积极参与学习；企业学习的关键是结合自身实际情况，选择合适的学习方式，制订明确的学习计划和评估机制，并营造重视学习的企业文化氛围（图4-7）。

　　拓展事业确实需要成本，但这些成本通常是值得的，因为它们有助于提高员工的技能和知识，提升企业的竞争力和创新能力。无论是内部培训还是外部培训，都需要投入一定的成本，例如培训师的酬劳、场地租赁、培训材料等。此外，如果企业选择外部培训机构或在线学习平台，也需要支付一定的费用；企业学习需要占用一定的时间，特别是对于大型的企业来说，员工需要花费额外的时间来参加培训、研讨会或实践项目。然而，这些成本可以通过一些方式进行控制和降低：企业可以根据自身的财务状况和人力资源需求，制定合理的培训预算，确保投入的成本得到有效的利用。企业可以根据员工的实际需求和学习特点，选择高效的学习方式，例如在线学习、移动学习等，以降低培训成本和时间成

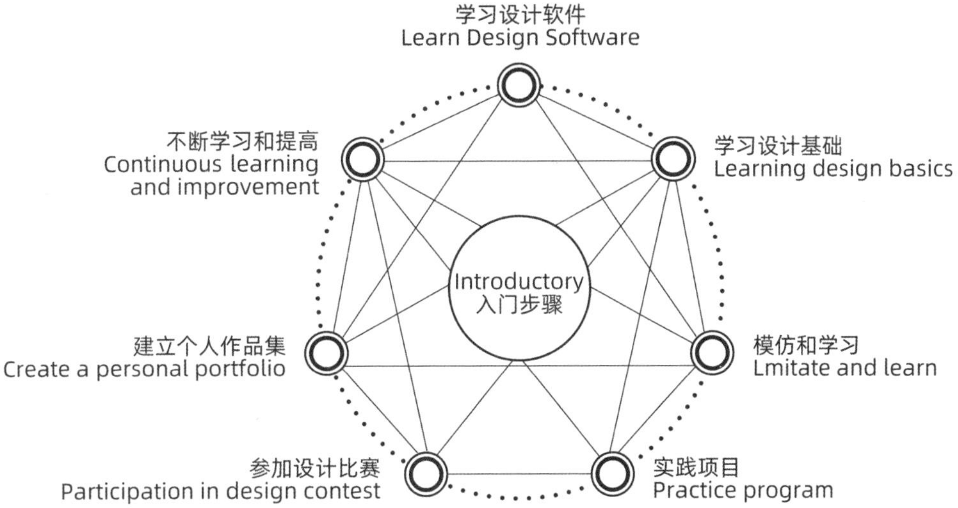

图4-7　入门可拓展的设计事业的步骤

本。通过建立持续学习的文化,鼓励员工自主学习和成长,可以降低对外部培训的依赖,从而减少培训成本。企业可以制定奖励机制,例如提供学习津贴、晋升机会等,鼓励员工积极参与学习,降低人才流失的风险。

虽然企业学习可能会带来一些成本,但这些成本可以通过合理的预算、选择高效的学习方式、建立持续学习的文化以及制定奖励机制等方式进行控制和降低。长期来看,这些成本将会为企业带来更大的收益和价值。

苹果公司的成功源于其创新精神和对用户体验的重视。从最初的Macintosh电脑到iPod、iPhone、iPad等产品,苹果公司始终坚持设计优先的理念,将技术和艺术相结合,创造出令人惊叹的产品。除了产品创新,苹果公司还注重企业文化和品牌建设。苹果公司的企业文化强调追求卓越、简洁明了、关注细节和团队合作等价值观,这些价值观在公司的各个层面得到贯彻和体现。同时,苹果公司也非常注重品牌形象和品牌传播,通过广告宣传、公关活动等方式,不断提升品牌知名度和美誉度。此外,苹果公司的成功也离不开其全球化战略和供应链管理。苹果公司在全球范围内开展业务,通过与供应商建立长期合作关系,确保供应链的稳定性和可靠性。同时,苹果公司也注重与供应商共同成长,通过提供技术支持和培训等方式,帮助供应商提高生产效率和产品质量。苹果公司的成功源于其创新精神、用户体验、企业文化、品牌建设、全球化战略和供应链管理等多个方面。这些方面的优势使得苹果公司在科技行业中独树一帜,成为一家备受尊敬和追捧的企业。

苹果公司在中国的研发中心是其在全球范围内的重要技术研发基地之一，吸引了大量中国顶尖科技人才加入。这些研发人员不仅在本土进行技术创新，同时也参与全球范围内的技术研究和开发，为苹果公司的全球产品线做出了重要贡献。苹果公司在中国的生产环节主要通过富士康等代工企业进行。这些代工企业为苹果公司提供生产制造服务，成为苹果全球供应链的重要组成部分。同时，苹果公司也通过这些代工企业为中国制造业的发展做出了贡献，推动了中国的产业升级和转型。苹果公司在中国的销售和客服业务也非常成功。苹果在中国的零售店数量不断增加，成为消费者购买苹果产品的主要渠道之一。同时，苹果公司也注重提升客户服务质量，设立了专门的客服中心，提供全方位的售后服务，满足了消费者的需求和期望。

除了经济方面的贡献，苹果公司还积极参与中国的公益事业和社会责任实践。例如，苹果公司与中国政府部门合作开展环保项目，推动循环经济和绿色发展；同时，苹果公司也积极参与教育公益事业，通过捐款、设立奖学金等方式支持中国的教育事业。苹果公司在中国的布局非常全面和成功，对中国的经济发展、科技创新、社会责任等方面做出了重要贡献。

大信在设计事业上的可拓展性主要体现在创新设计、定制化服务、绿色环保、跨界合作以及线上线下融合等方面。通过不断拓展和优化设计事业，大信家居可以提升品牌价值和市场竞争力。其一，大信在智能家居技术和绿色环保理念的实践上，采用了先进的智能家居技术，将家居产品与智能设备进行整合，实现家居的智能化。比如，大信家居的智能照明系统可以通过手机App控制，调节灯光亮度、色温，创造舒适的光环境。智能安防系统可以实时监控家庭安全，提供预警和报警功能，保障家庭安全。其二，大信注重使用环保材料和绿色生产技术。选用可再生或可循环利用的原材料,减少对环境的污染。引入了低能耗、低排放的生产技术,以降低产品在生产过程中的能耗和排放。大信家居还积极推行绿色设计理念,通过优化产品设计,提高产品的能效和寿命,减少对资源的浪费。例如,大信家居的智能吸尘器采用可拆卸式电池设计,方便用户更换电池,延长产品的使用寿命。此外,大信还建立了完善的售后服务体系,为用户提供智能家居系统的安装、调试、维护等服务。这样既保证了智能家居产品的正常使用,也提高了用户的满意度和忠诚度。

大信家居通过引进智能家居技术和实施绿色环保理念,实现了家居产品的智能化和环保化。这不仅提高了产品的附加值和市场竞争力,也满足了消费者对智能化、环保化生活的需求。

4.5 可信赖的设计交流

TRUSTED DESIGN EXCHANGE(SALON)

企业通过设计交流让不同部门成员可以聚集在一起,共同参与讨论,通过面对面的沟通,团队成员可以更好地理解彼此的工作和需求,增进彼此之间的理解和信任。这种跨部门的协作可以提升团队的凝聚力和协作效率,促进团队成员之间的互补和合作,为企业的项目实施和产品开发提供更好的支持。

设计交流还可以提升企业的品牌形象。通过参与设计交流,企业可以展示自己的设计实力和成果,吸引更多人关注和了解自己的品牌。同时,设计交流也可以为企业提供与潜在用户互动的机会,了解用户需求和市场反馈,提升用户对品牌的认知度和忠诚度。这种品牌形象的塑造和提升可以帮助企业在激烈的市场竞争中脱颖而出。

其中,企业可以提供交流的方式之一是设计沙龙,通过学术沙龙掌握行业趋势。在沙龙中,企业可以接触到行业的领军人物和专家学者,了解行业的最新动态和发展趋势。通过与其他企业的交流和互动,企业可以了解行业内的最新技术和创新方向,为自己的战略规划和决策提供依据。这种对行业趋势的掌握可以帮助企业在竞争中保持领先地位。

设计沙龙是一个集结设计师、企业、研究机构、投资者等创新力量,共同探讨设计趋势、分享设计理念和经验的平台(图4-8)。其一,设计沙龙的主要目的是促进设计行业的交流与合作,推动设计的创新与发展。其二,设计沙龙的形式多样,可以包括讲座、展览、工作坊、设计比赛等形式。在沙龙中,设计师们可以分享自己的设计理念和经验,企业可以寻找合适的设计合作伙伴,研究机构和投资者可以了解最新的设计趋势和技术。其三,设计沙龙的价值在于它提供了一个开放的交流平台,让不同的角色和力量可以共同探讨设计问题,分享创意和资源,促进设计的跨界合作和创新。其四,设计沙龙也可以成为设计师们互相学习、交流和提高技能的重要场所。在设计沙龙中,可信赖的交流建立在深入了解

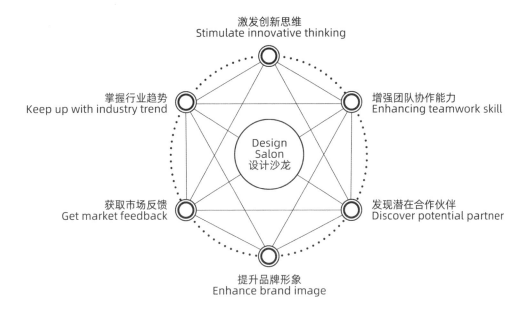

激发创新思维
Stimulate innovative thinking

掌握行业趋势
Keep up with industry trend

增强团队协作能力
Enhancing teamwork skill

Design
Salon
设计沙龙

获取市场反馈
Get market feedback

发现潜在合作伙伴
Discover potential partner

提升品牌形象
Enhance brand image

图4-8 设计沙龙带来的益处

客户需求、清晰传达设计理念以及积极倾听反馈的基础之上。其五,设计沙龙中的交流应当是一种双向的对话,设计师需要倾听参与者的声音,同时用易于理解的方式表达自己的创意和理念。设计沙龙中,通过真诚而富有创意的交流,设计师能够建立起与参与者之间的信赖关系,共同推动设计的进步。

例如,北京国际设计周是一个大型的设计活动,包括设计展览、设计论坛、设计比赛等多个环节。这个活动吸引了来自世界各地的设计师、企业、研究机构和投资者,共同探讨设计的未来趋势和创新方向。米兰设计周是全球最著名的设计活动之一,每年都吸引了数以万计的设计师、品牌和观众前来参与。这个活动以展览、论坛、工作坊等形式展示最新的设计作品和技术,是设计师们交流和学习的绝佳场所。设计上海是一个专注于当代设计的展览,汇集了来自世界各地的设计师和品牌。这个展览不仅展示了最新的设计作品,还举办了多个设计论坛和工作坊,为设计师们提供了一个交流和学习的平台。新加坡设计节是一个以设计为主题的节日,包括设计展览、论坛、比赛等多个环节。这个节日旨在推广新加坡的设计文化,提高设计师们的知名度和影响力,同时推动设计与商业的合作。

以上这些设计沙龙案例都是国际知名的活动,它们不仅展示了最新的设计作品和技术,还为设计师们提供了一个交流和学习的平台。在设计沙龙中,可信赖的交流需要设计师运用良好的沟通技巧,确保信息准确、清晰地传递,从而建立起彼此的信任和理解。在设计沙龙的环境中,可信赖的交流是建立在相互尊重、共同理解和持续合作的基础之上的,它能够促进创意的碰撞和设计的完善。

设计沙龙为企业提供了一个创新思维的平台。通过设计沙龙,企业可以汇聚来自不同领域的专家和设计师,共同探讨设计的最新趋势和技术。在沙龙中,人们可以分享自己的见解和经验,提出新的创意和想法,从而激发出更多的创新思维。这种跨学科的交流可以打破思维惯性,拓宽设计思路,为企业带来更多创新的机会。

"企业创新设计"沙龙就是针对企业与企业之间,企业与设计师之家交流的沙龙。沙龙在上海举办,以"为产业赋能,创共赢生态"为主题,共同交流设计如何成为企业创新驱动的硬指标,怎样用创新设计的方式传递设计洞察和创新设计理念,怎样去触发更多的企业对创新设计的认识和需求。沙龙不仅吸引了许多企业来参加,也吸引了不少相关领域的教授加入进来,一起交流指导。

在众多科技企业中,苹果公司以其独特的设计理念和出色的产品创新能力脱颖而出。苹果的成功不仅源于其先进的技术和出色的市场营销策略,还在很大程度上归功于其对设计交流的重视。例如,WWDC是苹果公司每年举办的大型开发者交流活动,吸引了来自世界各地的开发者、设计师和合作伙伴参加。在WWDC上,苹果公司会发布最新的操作系统、开发工具和设计指南,与参会者分享最新的设计趋势和技术。同时,苹果公司还通过讲座、研讨会和实验室等形式,为开发者提供与苹果工程师面对面交流的机会,解答他们在开发过程中遇到的问题。WWDC不仅加强了苹果与开发者之间的联系,还为开发者提供了一个学习和交流的平台,推动了苹果生态系统的繁荣和发展。苹果公司定期举办设计工作坊活动,邀请知名设计师、艺术家和创意人士与苹果的设计师团队共同探讨设计问题。在这些工作坊中,参与者可以分享自己的设计经验和见解,提出新的创意和想法,与苹果的设计师一起进行头脑风暴和原型制作。这种亲密的交流和合作不仅激发了参与者的创意灵感,还为苹果的产品设计注入了新的活力和元素。苹果公司非常注重用户体验研究,在设计新产品或功能时,会通过用户调研、访谈和原型测试等方式了解用户的期望和需求。苹果的设计师团队会与用户紧密合作,倾听他们的声音,收集他们的反馈和建议,从而不断优化产品设计。这种以用户为中心的设计交流方式确保了苹果产品的高品质和用户满意度。

通过与用户、合作伙伴和设计师的紧密交流,苹果公司不断汲取创意和灵感,推动了产品设计的不断创新和发展。例如,iPhone、iPad和Apple Watch等产品的成功在很大程度上得益于苹果在设计交流方面的努力。苹果公司的设计交流活动不仅展示了其在设计领域的实力和成果,还提升了其品牌形象和知名度。这些活动吸引了众多设计师、开发者和用户的关注,进一步巩固了苹果在科技行业的领导地位。通过设计交流活动,苹果公司与其他行业、领域的合作伙伴建立了广泛的联系和合作网络。这些合作伙伴为苹果提供了丰富的资源和支持,共同推动了科技创新和产品设计的发展。

大信的国家级工业设计中心通过文化博物馆群落拓展了用户与企业的互动渠道,图4-9为大信董事长庞学元为清华大学师生分享企业的设计创新经验,通过企业实践不但弘扬了中国传统民族文化,而且还增强了品牌的文化凝聚力。大信的品牌信念聚焦"传统文化再造、设计融合创新",以文化体验输出品牌价值体系,打造企业用户生态系统;宣扬符合中国用户习惯的生活方式;提升企业的经济活力。

大信通过设计交流以行为洞察建立用户心智模型,为企业获取用户体验反馈与建立用户心智模型提供可行性方案。大信以"最小单元"和"模数思维"打

图4-9　庞总在清华大学美术学院设计沙龙发表演讲

造20种家居生活体验空间,提供企业设计创新通道,建立用户使用方式与行为分析数据库。透过观察用户对产品的使用行为与评价反馈,洞察用户的行为规律与潜在产品选择趋势。借助人机考察与人因分析构筑用户行为采集实验空间,以定量研究集成用户行为数据,为设计创新与产品迭代提供有效依据。

参考文献:

［1］ 王芳.(2018).社区文化活动与参与.中国社会出版社.

［2］ 刘伟.(2019).文化参与与社会发展.人民出版社.

［3］ 陈映芳.(2020).参与式文化与公民社会.上海人民出版社.

［4］ 段义孚.(2017).体验生活:一种人文地理学.生活·读书·新知三联书店.

［5］ 阿格妮丝·赫勒.(2018).日常生活的社会学.黑龙江大学出版社.

［6］ 贾园园,李婧.(2017).众创空间:新空间设计.化学工业出版社.

［7］ 蔡军,张健.(2016).为众设计:社会创新十讲.北京师范大学出版社.

［8］ 露西·金贝尔.(2023).设计共创:探索协作的边界.上海人民美术出版社.

［9］ 布朗,T.(2018).设计思维:创新者的工具箱.中信出版社.

［10］ 瑞夫斯,M.(2021).设计驱动:从策略到实施.电子工业出版社.

［11］ 汤姆金斯,J.(2020).设计领导力:创新与合作的艺术.中信出版社.

［12］ 黄丽辉.(2022).设计沟通力:设计师如何与客户、团队有效交流.人民邮电出版社.

［13］ 诺曼,D.A.(2018).设计交流:从概念到实施.电子工业出版社.

［14］ 原研哉.(2003).设计的交流.山东人民出版社.

［15］ 刘新华.(2020).沟通的艺术:设计师如何与用户、团队有效沟通.清华大学出版社.

［16］ 布坎南,R.(2019).设计交流:创造共享价值的沟通策略.中国建筑工业出版社.

［17］ 人民咨询.2021"企业创新设计"沙龙:为产业赋能 创共赢生态［EB/OL］.(2024-4-22).

艺术博览
——文化艺术的传承

　　设计的博大的第二层含义是指大信多年坚持对中国传统文化与生活方式的研究，为未来中国生活形态与生活趋势变革提供启示。正所谓"品山须有水"，中国传统文化传承是大信家居设计创新的"点睛之笔"。文化触发了技术与艺术在产品中的融合，也实现了实用与审美在产品内部统一。

　　大信的系列博物馆逐渐形成了地域文化的凝聚，以私人博物馆模式为国家文化体系输入新的机能。通过描述博物馆的文化职能、艺术观念输出，进而提升中华文化与艺术传播途径的品质。大信的系列文化博物馆各具特色，充分展示了中国生活文化的变迁，形成以生活智慧凝结的艺术传播载体与研究中心。

　　"以平庸为敌、为美好涅槃、让设计永生"是大信的企业文化，围绕创造力园区建设、国家级工业设计中心与文化博物馆融合的体验模式，大信终将实现家居设计终端化、个性化、民族化、系统化的融合统一。

第五章　文化艺术的引力

THE GRAVITATIONAL PULL OF CULTURE AND THE ARTS

5.1 中国文化的厚积薄发

THE THICKNESS OF CHINESE CULTURE

中国文化,源远流长,博大精深。它不仅仅是一种传统的积淀,更是一种智慧的体现。在漫长的历史长河中,中国文化以其独特的魅力和深厚底蕴,为世界文明的发展作出了不可磨灭的贡献。中国文化的厚积薄发,在于其深厚的历史积淀和不断自我更新的能力,这种精神使中华文化历经千年仍然熠熠生辉。这种文化的厚积薄发,不仅体现在其悠久的历史和丰富的内涵上,更体现在其与时俱进、不断创新的精神上。中国文化的厚积薄发,体现在对传统的珍视与传承,以及对未来的开放与进取,这种文化的双重性使中华文化具有强大的生命力(图5-1)。

第一,中国文化拥有数千年的历史,从古代的甲骨文、青铜器,到现代的科技、艺术,无不体现出中国文化的深厚底蕴。在这个过程中,中国文化经历了多次外来文化的冲击与融合,但始终保持着自身的独特性和完整性。这种文化的积淀与传承,为中华民族的生生不息提供了强大的精神支撑。中国文化的厚积薄发,是在漫长的历史进程中逐渐积累起来的智慧与力量,这种文化的深厚底蕴为中华民族的伟大复兴提供了强大的精神支撑。

第二,中国文化蕴含着丰富的哲学思想、道德观念、艺术审美等智慧结晶。例如,儒家的仁爱、道家的自然、法家的法治等思想,都为中国的社会发展和人类文明的进步提供了宝贵的思想资源。同时,中国的诗词、绘画、音乐等艺术形式,更是将中国文化的智慧与美感完美地结合在一起,成为世界文化遗产中的瑰宝。

第三,中国文化中的核心价值观,如诚信、仁爱、忠诚、礼仪等,都深深地影响着企业的行为和决策。例如,诚信被视为企业最重要的品质之一,许多企业在经营过程中都强调诚信为本,注重与客户的长期合作和信任关系的建立。这种诚信文化不仅有助于提升企业的品牌形象和市场竞争力,还能够增强企业的凝

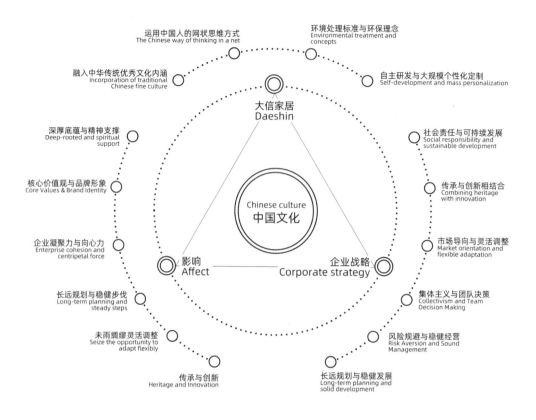

图5-1 中国文化的影响、企业战略及大信家居案例分析

聚力和向心力。

第四,中国文化强调未雨绸缪,这一理念在企业战略决策中体现得尤为明显。许多中国企业在进行战略决策时,会考虑到未来几年的发展趋势和市场变化,制定出长远的发展规划。这种长远规划有助于企业保持稳健的发展步伐,避免盲目追求短期利益而忽视长期发展。集体主义和团队精神,这一价值观在企业战略决策中也有所体现。许多中国企业在制定战略时,会充分征求员工的意见和建议,鼓励员工参与决策过程。这种团队决策的方式有助于增强员工的归属感和责任感,提高决策的透明度和合理性。中国文化中的"变则通"思想,鼓励企业在面对市场变化时要灵活调整战略。因此,许多中国企业在制定战略决策时,会密切关注市场动态和客户需求,根据市场变化及时调整战略方向。这种市场导向的战略决策有助于企业抓住市场机遇,快速响应市场变化。

第五,中国文化既强调传统和传承,又鼓励创新和变革。许多中国企业在制定战略时,既会继承和发扬传统文化中的优秀元素,又会积极引入现代管理理念和技术手段进行创新。这种传承与创新相结合的战略决策有助于企业在保持文化底蕴的同时,不断适应时代的发展和变化。

近年来,越来越多的中国企业开始关注社会责任和可持续发展。在制定战略决策时,它们会考虑到企业的社会影响和环境影响,努力实现经济、社会和环境的协调发展。这种注重社会责任的战略决策有助于提升企业的社会形象和品牌价值,增强企业的可持续竞争力。中国文化对企业战略决策的影响是多方面的。长远规划与稳健发展、风险规避与稳健经营、集体主义与团队决策、市场导向与灵活调整、社会责任与可持续发展以及传承与创新相结合等特点,共同构成了中国企业战略决策的独特风格。在未来的发展中,随着中国市场环境的不断变化和文化交流的日益频繁,中国企业需要不断调整和完善自己的战略决策体系,以适应全球化竞争和可持续发展的需要。

大信家居在产品设计中融入了众多中华传统优秀文化元素,如中式风格的家具、传统的雕刻工艺等。这些元素的运用不仅使产品更具文化底蕴和艺术价值,也满足了消费者对于传统与现代相结合的设计需求。同时,大信家居还注重将传统文化与现代科技相结合,通过智能化、个性化的设计,为消费者带来更加便捷、舒适的家居体验。中国文化强调整体性和关联性,认为事物之间是相互联系、相互影响的。这种思维方式体现在大信家居的产品设计上,就是注重家居空间的整体和谐与平衡。无论是家具的布局、色彩的搭配,还是材质的选择,大信家居都充分考虑了中国人对于家居环境的独特审美和需求,从而打造出既实用又美观的家居产品。

大信多年坚持对中国传统文化与生活方式的研究为未来中国生活形态与生活趋势变革提供启示。秉承构筑中国特色生活内涵的信念,自2010年企业开放首个大信厨房博物馆之前(图5–2),庞总与夫人李电萍已经收集、修复、保护

图5-2　大信厨房博物馆中的中国文化

文物长达10年之久，如今，五座博物馆陆续建成并免费对公众开放。庞总介绍："在大信厨房文化博物馆中，展示历代古本灶王经、汉代古陶灶、灶君像，梳理农耕文明到现代文明的生活方式变迁；在郑州华彩博物馆中，展示中国历代陶器、瓷器色彩，从产生、特点、应用、文化内涵等方面解析民族传统服饰色彩。"相关文物、文献以及标本都在文化博物馆群落中系统、全面地加以呈现。

大信家居通过运用中国人的网状思维方式、融入中华传统优秀文化内涵、自主研发与大规模个性化定制以及遵循环境处理标准与环保理念等方式，成功地将中国文化融入品牌和产品中。这种文化的融合不仅使大信家居在市场上获得了独特的竞争优势，也为其赢得了广大消费者的喜爱和信任。未来，随着中国文化在全球范围内的传播和影响力的提升，相信大信家居将继续以其独特的文化魅力和创新精神，为消费者带来更多优质的家居产品和服务。

5.2 传统智慧的引经据典

TRADITIONAL WISDOM OF QUOTING SCRIPTURE

传统智慧是人类长期积累的精神财富,它不仅涵盖了伦理道德、哲学思考、生活智慧等方面,更对现代企业管理产生了深远的影响。在快速变化的市场环境中,许多企业开始重新审视传统智慧,寻求其对企业发展的启示和指导。"吾尝终日而思矣,不如须臾之所学也。"这句话强调了学习和实践相结合的重要性,体现了荀子对传统智慧的独特见解。[1]传统智慧不仅是历史的积淀,更是文化的瑰宝,它对于现代社会的治理、人际关系的处理以及个人修养的提升都具有不可替代的作用。

传统智慧强调人与人之间的尊重、平等和诚信,这些价值观在现代企业伦理道德建设中具有重要意义。企业作为社会的重要组成部分,应当遵循道德准则,维护良好的企业形象和社会声誉。通过践行传统智慧中的伦理道德观念,企业能够增强员工的责任感和使命感,提高客户满意度,为企业创造长期价值。"居安思危"、"未雨绸缪"等观念,提醒企业在取得成功时保持警惕,预见潜在的风险和挑战。同时,"知己知彼,百战不殆"的观念则强调了市场调研和竞争对手分析的重要性。这些哲学思想有助于企业制定更具前瞻性和针对性的战略,以适应复杂多变的市场环境。"因材施教"、"人尽其才"等观念,强调了个体差异和人才选拔的重要性。企业应当关注员工的个人发展和职业规划,提供多样化的培训和发展机会,激发员工的潜能和创造力。同时,传统智慧中的"和为贵"思想也倡导和谐的劳动关系,企业需要关注员工的心理健康和工作满意度,营造良好的工作环境。

以中国知名民族企业为例(图5-3),华为作为全球领先的通信设备供应商,其成功背后离不开对传统智慧中伦理道德观念的践行。华为始终坚持"以客户为中心,以奋斗者为本,长期艰苦奋斗,坚持自我批判"的核心价值观。这种诚信、责任和担当的企业文化,使得华为在国内外市场上赢得了广泛的信任和尊

图5-3 案例企业

重。通过遵循传统智慧中的伦理道德观念，华为不仅提高了自身的品牌形象，还为客户提供了更可靠的产品和服务。阿里巴巴在电商领域的成功，与其对传统智慧中哲学思考的应用密不可分。马云作为阿里巴巴的创始人，深受中国传统文化的影响。他强调"居安思危"、"未雨绸缪"的战略思维，使得阿里巴巴在取得巨大成功的同时，始终保持着对市场的敏锐洞察和前瞻性思考。腾讯作为中国互联网行业的领军企业，其企业文化深受传统智慧的影响。腾讯倡导"正直、进取、协作、创造"的企业价值观，这些价值观体现了传统智慧中"和为贵"、"团结就是力量"等观念。激发了员工的归属感和创造力，使得企业在快速发展的同时保持了团队的稳定和凝聚力。京东作为中国电商行业的巨头，其对传统智慧中人力资源管理理念的运用值得借鉴。京东坚持"人才为本"的理念，重视员工的个人发展和职业规划。同时，京东还注重营造和谐的劳动关系，关注员工的心理健康和工作满意度，这种"人尽其才"、"和为贵"的人力资源管理策略，使得京东在激烈的市场竞争中保持了强大的人才优势。比亚迪作为新能源汽车领域的领军企业，其在环保方面的实践体现了传统智慧中人与自然和谐共生的理念。通过采用先进的电池技术和环保材料，比亚迪的新能源汽车不仅降低了碳排放，还为消费者提供了更加环保、高效的出行方式。这种对传统智慧中环保理念的践行，使得比亚迪在社会责任方面树立了良好的形象，赢得了公众的广泛认可和支持。

传统智慧在现代企业中的应用具有广泛的价值。通过案例可以看到传统智慧在伦理道德、战略决策、企业文化建设、人力资源管理和社会责任实践等方面对现代企业的积极影响。大信当积极传承和发扬传统智慧，让其在企业发展中焕发出新的活力。在当今家居市场竞争激烈的环境下，大信家居凭借其深厚的文化底蕴和创新的市场策略，成为行业中的佼佼者。其成功背后，离不开对传

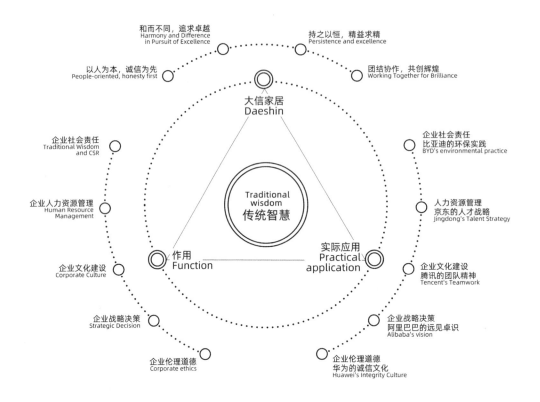

图5-4 传统智慧的作用、实际作用及大信家居的案例分析

统智慧的深入理解和巧妙运用（图5-4）。

第一，以人为本，诚信为先。大信家居深谙"以人为本"的传统智慧，始终坚持将消费者的需求放在首位。这种以消费者为中心的经营理念，使得大信家居能够紧跟市场潮流，提供符合消费者审美和需求的家居产品。同时，大信家居还注重诚信经营，始终坚守"诚信为先"的原则，赢得了消费者的广泛信任和好评。

第二，和而不同，追求卓越。大信家居在产品设计上，充分运用了"和而不同"的传统智慧。他们注重在保持产品整体风格和谐统一的同时，追求个性化和差异化，以满足不同消费者的需求。这种既注重整体和谐又追求个性差异的设计理念，使得大信家居的产品在市场上独树一帜。

第三，持之以恒，精益求精。大信家居在生产过程中，始终坚守"持之以恒、精益求精"的传统智慧。他们注重在细节上追求完美，不断提升产品的品质和用户体验。这种对品质的不懈追求和精益求精的态度，使得大信家居的产品在市场上赢得了良好的口碑和声誉。同时，大信家居还注重持续改进和创新，不断推出新产品和新技术，以满足市场的不断变化和消费者的新需求。这种持续改进和创新的精神，使得大信家居始终保持在行业前沿。

第四，团结协作，共创辉煌。在企业管理中，强调"团结协作、共创辉煌"的传统智慧。他们注重营造和谐的工作氛围，鼓励员工之间的合作与沟通，共同为企业的发展贡献力量。这种团结协作的企业文化，使得大信家居的团队凝聚力得到了极大提升，为企业的发展提供了有力保障。

大信作为家居行业的佼佼者，其成功并非偶然。巧妙地在企业经营中融入中华传统智慧，为企业的成长和壮大注入了强大的动力。这些智慧为大信带来了有形与无形的收益。

其一，知止而后能定，定而后能静。这句话来自《大学》，意思是知道什么是正确的界限后，心态就能安定下来；心态安定下来，然后才能冷静思考。这种"知止"的智慧，使得大信家居能够保持冷静和专注，从而更加稳健地推进各项业务。

其二，反求诸己，修身为本。这是儒家思想中的重要智慧，强调个人要反思自己的行为，不断修身养性。大信家居将这种智慧应用到企业管理中，鼓励员工进行自我反思和学习，不断提升个人素质和能力，从而打造出一支高素质、高能力的团队。

其三，治大国若烹小鲜。这句话意味着治理大事要像烹饪小鱼一样细心和谨慎。大信家居在企业管理中，也体现了这种精细化的管理智慧。他们注重细节和流程的优化，确保每一个环节都能高效运作，还强调管理的灵活性和适应性，就像烹饪时需要根据食材和口味进行调整一样，大信家居的管理也需要根据市场变化和企业需求进行灵活调整。

图5-5　清华大学柳冠中教授为大信博物馆的题词

其四，无为而治，道法自然。这是道家思想中的智慧，强调顺应自然规律，不强行干预。大信家居在经营过程中，也体现了这种顺应市场的智慧。他们顺应规律和趋势来制定产品和服务策略。这种无为而治的经营方式，使得大信家居能够紧跟市场步伐，满足消费者的需求。

展望未来，大信深信设计创新源自对中华传统的再造理念（图5-5），将继续深化对传统智慧的理解和运用，不断创新和发展，为消费者提供更加优质的产品和服务。通过深入运用多种传统智慧，实现了企业的卓越发展。在未来的道路上，大信秉承传统智慧，不断创新和发展，为消费者和行业创造更多的价值和贡献。

5.3 大信博物馆的特色分析

CHARACTERIZATION OF THE OSHIN MUSEUM

　　大信的家居产品设计致力于体现中华文明以传承中国生活方式。庞总认为: "有别于西方文明形式,中华文明有着5000年的历史,放眼未来,中国工业化逐步自信,将先进制造工艺和现代设计系统耦合并联,创造大信集团设计创新生态路径,在此基础上建立中国家居产业的工业设计中心和创造力园区。"大信博物馆群的特色主要体现在其独特的设计理念和服务宗旨上。系列博物馆不仅是一个展示场所,更是提升国家家居工业大数据和工业设计软实力的重要基础设施(图5-6是博物馆在大信家设计工厂中的布局图)。博物馆不仅是文物的收藏地,更是连接过去与现在、传承文化与价值的桥梁,它们以独特的方式讲述着人类的故事。以下是对大信博物馆特色的详细分析。

　　第一,设计服务。作为提升工业设计软实力的重要平台,大信博物馆群注重设计服务的提供。无论是家居产品的设计、展览的布局,还是整体的空间规划,都体现了博物馆对设计的独特理解和追求。这种对设计的重视,不仅使得博物馆的展览更具吸引力和教育性,也为行业内的设计师和企业提供了交流和学习的平台。

　　第二,行业特色。大信博物馆群针对家居工业的特点,精心布局了多个专题博物馆,如郑州大信厨房博物馆、郑州大信明月家居博物馆等。这些博物馆不仅展示了家居工业的发展历程和成果,还为消费者提供了亲身体验和互动的机会。这种以行业为特色的布局方式,使得大信博物馆群在行业内具有鲜明的特色和影响力。

　　这些特色使得大信博物馆群在行业内具有独特的竞争优势和影响力,也为消费者提供了更为丰富和有价值的体验和服务。博物馆的特色不仅体现在其收藏的珍稀文物上,更在于如何通过展览、教育和公共服务,将这些文物的历史、科学和艺术价值传递给公众。大信博物馆群的服务宗旨主要体现在博物馆致力于向公众提供丰富的教育和普及活动,通过展览、讲座、互动体验等方式,向公众传递关于家居工业、设计、历史和文化等方面的知识。他们希望通过这些活动,提高公众对家居工业的认知和理解,激发他们对创新和设计的兴趣;大信博物馆群致力于对家居工业的历史、技术和文化进行深入研究,以保护和传承这一领域的宝贵遗产。他们通过收集、整理和研究相关文物、资料和历史文献,为行业内的学者和研究者提供丰富的学术资源;博物馆作为一个开放的平台,积极促进行业内的交流与合作。大信与国内外其他博物馆、研究机构、企业等建立广泛的合作关系,共同推动家居工业的发展和进步。

　　同时,大信博物馆群作为家居工业文化的重要载体,注重文化传承与创新。博物馆通过收集和保护相关文物和历史文献,为后人留下了宝贵的文化遗产(图5-7大信博物馆的纵向布局)。同时,博物馆还鼓励和支持创新设计和技术研发,推动家居工业的不断进步和发展。这种文化传承与创新的结合,使得大信博物馆群在家居工业领域具有独特的地位和影响力。大信博物馆群的特色细节体现在大数据与智能化服务、展览策划与设计、丰富的活动与交

图5-6　大信博物馆平面图

流、教育与普及功能、文化传承与创新以及社区服务与社会责任等多个方面。这些特色细节不仅彰显了博物馆的专业性和独特性，更为广大观众提供了一场视觉与知识的盛宴。未来，大信博物馆群将继续深化特色细节的建设和完善，为观众提供更加优质、丰富的文化体验和服务。

　　大信博物馆群的展览和活动丰富多样，涵盖了家居工业、设计、历史和文化等多个领域。以下是一些主要的展览和活动类型（图5-8）。

　　第一，主题展览。大信博物馆群定期举办各种主题展览，展示家居工业的发展历程、创新成果和艺术作品。这些展览通常由专业策展人策划，通过文物、模型、图片等多种形式呈现，使观众能够全面了解相关主题的背景和内涵。（1）临时展览。除了主题展览外，博物馆还会根据节日、纪念日或特殊事件等举办临时展览。这些展览通常具有时效性和针对性，旨在吸引观众的关注和

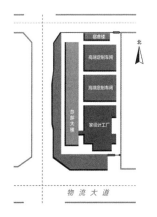
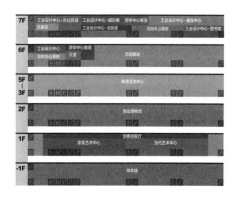

图5-7　大信博物馆的纵向布局

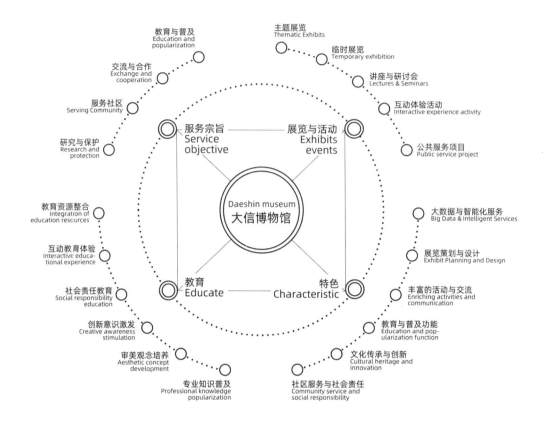

图5-8　大信博物馆的服务宗旨、特色、展览与活动及教育

兴趣。(2)讲座与研讨会。大信博物馆群会邀请行业内的专家学者、设计师和企业家等举办讲座和研讨会,分享他们的研究成果、设计理念和行业经验。这些活动为观众提供了一个与专家面对面交流的机会,有助于提升他们的专业知识和技能。(3)互动体验活动。博物馆还注重观众的参与和体验,会举办各种互动体验活动。例如,观众可以亲手制作家居用品、参与设计竞赛、体验虚拟现实等,通过亲身实践来感受家居工业的魅力。(4)公共服务项目。大信博物馆群还会开展一些公共服务项目,如社区展览、亲子活动、公益讲座等。这些项目旨在满足社区居民的文化需求,提升他们的生活质量。

大信博物馆群通过精心策划的展览,向观众普及家居工业的基本知识和历史脉络。展览中,运用了大量实物展品、模型、图片以及多媒体技术,观众可以在参观过程中,增强对行业的认知和理解。博物馆内的展览不仅注重专业知识的传递,还注重培养观众的审美观念。通过展示家居设计作品、艺术品和经典家居用品,博物馆引导观众欣赏家居美学,提升对美的敏感度和鉴赏能力。

　　大信博物馆群非常重视激发观众的创新意识。在展览中,博物馆展示了众多家居工业领域的创新成果和前沿技术,让观众感受到创新的力量和魅力。此外,博物馆还通过举办讲座、研讨会等活动,邀请行业内的专家和学者分享创新经验和设计理念,激发观众的创新思维和创造力。在展览中,博物馆不仅展示了家居工业的发展成果,还关注行业对环境、社会和文化的影响。通过展示可持续发展的家居产品、推广环保理念等方式,博物馆引导观众关注社会问题,培养他们的社会责任感和环保意识。大信博物馆群还积极整合教育资源,与学校、社区等合作开展教育活动。博物馆提供丰富的教育资源和课程,为学校提供实践教学基地,为社区提供文化服务。通过这些合作,博物馆将教育功能延伸到更广泛的领域,为培养未来的行业人才和社会公民做出贡献。大信博物馆群的教育功能体现在专业知识普及、审美观念培养、创新意识激发、社会责任教育、互动教育体验以及教育资源整合等多个方面。提升了观众对家居工业的认知和理解,培养了他们的创造力、责任感和环保意识。未来,大信博物馆群将继续深化教育功能的建设和创新,为观众提供更加优质、丰富的教育体验和服务。

5.4 文化引流的知识聚集

KNOWLEDGE AGGREGATION FOR CULTURAL DIVERSION

文化引流是一个相对新的概念,尤其在互联网和社交媒体时代,它指的是通过传播和推广特定文化内容或元素,来吸引和聚集目标受众的注意力和兴趣。文化引流的核心在于通过知识聚集,将创意产业的独特价值转化为社会影响力,实现文化的广泛传播和深度渗透。

企业进行文化引领需要首先明确目标受众是谁。了解他们的兴趣、需求和文化背景可以帮助你制定更有效的文化引流策略。选择与品牌或产品相关,且能吸引目标受众的文化元素。这些元素可以是传统的,也可以是现代的,关键是要与受众产生共鸣。制作和推广高质量的文化内容是吸引受众的关键。这可能包括文章、视频、音频、图像等各种形式。社交媒体是文化引流的重要渠道,利用平台,通过分享有趣、有深度的文化内容,可以吸引大量关注者。与具有相似兴趣或目标受众的文化创作者或品牌建立合作关系,可以扩大你的影响力,吸引更多的关注者。

企业文化引流是一个复杂但有效的策略,通过精心策划和执行,可以帮助吸引和聚集目标受众的注意力和兴趣(图5-9)。一个独特且吸引人的企业文化不仅可以增强员工的归属感和忠诚度,还可以吸引外部受众的关注,进而为企业带来商业利益。在知识聚集的过程中,文化创新得以产生,这种创新不仅丰富了文化的内涵,也为社会进步提供了源源不断的动力。文化引流促进了知识的聚集和共享,使得不同领域的知识得以交汇融合,从而推动了知识的创新与发展。

苹果公司始终秉持着"始终以用户为中心"的核心价值观。这一价值观不仅贯穿于其产品设计和服务中,也通过其营销活动传递给消费者。例如,苹果的广告常常强调其产品的易用性和用户体验,从而吸引了大量追求高品质生活的消费者。知识聚集是文化产业发展的核心要素,通过有效的知识聚集,文化产业能够实现创新突破,推动文化经济的繁荣发展。星巴克的品牌形象不仅与其

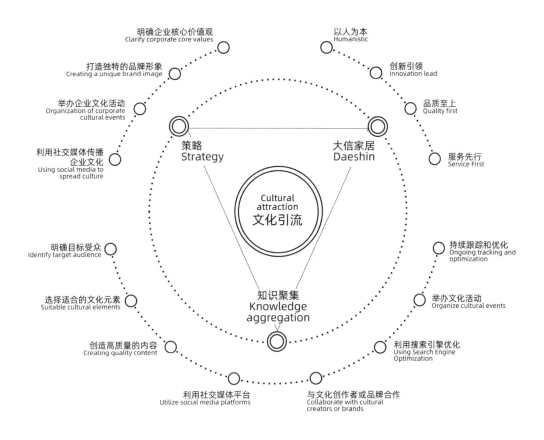

明确企业核心价值观
Clarify corporate core values

以人为本
Humanistic

打造独特的品牌形象
Creating a unique brand image

创新引领
Innovation lead

举办企业文化活动
Organization of corporate
cultural events

品质至上
Quality first

利用社交媒体传播
企业文化
Using social media to
spread culture

策略
Strategy

大信家居
Daeshin

服务先行
Service First

Cultural
attraction
文化引流

明确目标受众
Identify target audience

持续跟踪和优化
Ongoing tracking and
optimization

选择适合的文化元素
Suitable cultural elements

知识聚集
Knowledge
aggregation

举办文化活动
Organize cultural events

创造高质量的内容
Creating quality content

利用搜索引擎优化
Using Search Engine
Optimization

利用社交媒体平台
Utilize social media platforms

与文化创作者或品牌合作
Collaborate with cultural
creators or brands

图5-9 文化引流的策略、知识聚集及大信家居案例分析

咖啡品质相关,更与其倡导的"第三空间"文化紧密相连。星巴克提供了一个舒适的环境,让消费者在工作与家之间找到了一个休闲的空间。这种独特的品牌形象使得星巴克在全球范围内都备受青睐。谷歌以其丰富多彩的员工活动而闻名。除了常规的团队建设活动,谷歌还鼓励员工参与各种创新项目,如"20%时间项目",允许员工将工作时间的20%用于自己感兴趣的项目。这些活动不仅增强了员工的凝聚力和归属感,也为谷歌吸引了大量的优秀人才。Netflix在其社交媒体平台上积极分享其企业文化和价值观。例如,他们分享了公司内部的备忘录、CEO的信件以及与员工相关的有趣故事。通过这些内容,Netflix成功地展示了其开放、包容和创新的企业文化,从而吸引了大量的粉丝和关注者。Zara通过其快速响应市场变化的企业文化,成功吸引了大量追求时尚的消费者;而Patagonia则通过其倡导环保和可持续发展的企业文化,吸引了大量环保意识强的消费者。企业文化引流是一种有效的企业营销策略,可以帮助企业提高品牌知名度和美誉度,吸引更多的客户和优秀人才。

核心价值观是企业文化的基础,也是企业进行引流的关键。企业需要在内部积极践行这些价值观,确保员工和外部受众都能感受到企业的独特之处。品牌形象是企业文化的外在表现,也是企业进行引流的重要工具。企业文化引流是一种具有潜力的营销策略,可以帮助企业在激烈的市场竞争中脱颖而出。通过明确核心价值观、打造独特的品牌形象、创新举办企业文化活动和有效利用社交媒体等策略,企业可以成功地吸引外部受众的关注,实现商业目标。在家居行业激烈的市场竞争中,大信家居凭借其独特的企业文化,不仅在国内市场取得了显著的成绩,还逐渐在国际市场上崭露头角。本文将深入分析大信家居的企业文化,探讨其如何在激烈的市场竞争中脱颖而出,并为企业的发展提供源源不断的动力。

大信的企业文化可以概括为"以人为本,创新引领,品质至上,服务先行"。这一文化理念贯穿于企业的各个环节,从产品设计、生产到销售、服务,都体现了大信家居对品质和服务的不懈追求。大信家居始终坚持"以人为本"的管理理念,注重员工的成长和发展。通过提供完善的培训机制和激励机制,大信家居成功打造了一支高效、专业的团队。这支团队不仅具备丰富的行业经验,还具备创新思维和敏锐的市场洞察力,为企业的快速发展提供了有力保障。在家居行业,创新是推动企业发展的关键。大信家居始终将创新作为企业文化的核心,不断推出具有独特设计和功能的新产品。这些创新产品不仅满足了消费者的多元化需求,还帮助大信家居在市场中树立了独特的品牌形象。

大信企业发展设计秉承"以仁为本""与仁为伴"的核心思路,积极履行企业的社会责任,用设计搭建现代生活方式和用户体验场域;用设计融合中国传统文化和大信企业文化,为整体家居行业和中国企业建设高水准、国际级工业设计中心与创造力园区提供正向引导与示范作用。大信执行"与仁为伴"体现在

图5-10 文化引流的知识聚集

两方面, 其一是社会价值层面, 大信成为打造厨房文化博物馆和家居博物馆的先驱, 以传承、弘扬和研究中国传统文化(图5-10)。其二是生态环境保护层面, 大信每年投入大量经费进行生产制造工艺优化, 以高标准实施对生态环境的保护, 同时提高原材料利用率并减少污染排放。通过实际行动大信不仅增加了用户对品牌的信心, 而且会潜移默化地提升整个社会层面的文化自觉, 身体力行地弘扬中华民族的文化自信和文化自强。

在竞争激烈的家居市场, 服务质量是企业赢得客户满意度的关键因素。大信家居始终秉承"服务先行"的理念, 以客户满意度为核心目标, 提供全方位、个性化的服务。通过优化售前咨询、售中安装和售后维护等环节, 大信家居成功提升了客户体验, 赢得了客户的忠诚度和口碑传播。为了更好地传播企业文化, 大信家居积极开展各种形式的品牌活动和社会公益活动。例如, 大信家居定期举办家居设计大赛, 鼓励设计师和消费者共同参与, 展示大信家居的创新精神和设计实力。此外, 大信家居还积极参与社会公益事业, 如捐赠爱心物资、支持教育事业等, 展现了企业的社会责任感和良好形象。这些品牌活动和社会公益活动不仅提高了大信家居的品牌知名度和美誉度, 还吸引了更多消费者的关注和参与。通过企业文化的引流作用, 大信家居成功吸引了大量潜在客户和优秀人才, 为企业的发展注入了新的活力。

参考文献：

［1］ 张岱年, 方克立. (1996). 中国文化精神. 北京大学出版社.

［2］ 袁行霈. (1998). 中华文化通志. 上海人民出版社.

［3］ 费孝通. (2004). 中国文化概论. 人民出版社.

［4］ ［战国］荀况. (2011). 荀子. 中华书局.

［5］ 李泽厚. (2015). 传统智慧与现代生活. 生活·读书·新知三联书店.

［6］ 成中英. (2006). 中华传统智慧与现代管理. 北京大学出版社.

［7］ 康恩, S. E. (2012). 博物馆的意义与使命. 译林出版社.

［8］ 单霁翔. (2016). 博物馆特色构建研究. 天津大学出版社.

［9］ 王琳. (2021). 文化引流: 创意产业的知识聚集与传播. 中国社会科学出版社.

［10］ 陈剑澜. (2019). 知识聚集与文化创新. 人民出版社.

［11］ 张晓明. (2020). 文化引流下的知识生产与传播. 中国传媒大学出版社.

［12］ 刘卫东. (2018). 知识聚集与文化产业发展. 经济科学出版社.

第六章　"传统再造"的设计精神

DESIGN SPIRIT OF "REINVENTING TRADITION"

6.1 色彩文化博物馆

COLOR CULTURE MUSEUM

　　色彩文化是指与色彩相关的文化现象和传统,它涉及人们对色彩的认知、理解、使用以及在不同文化背景下的象征意义。色彩文化是一个复杂而丰富的领域,它受到历史、地理、社会、宗教、艺术等多种因素的影响。色彩不仅是视觉上的感知,更是文化中的符号和象征,它们传达着情感、传统和信仰。色彩文化可以体现在很多方面,比如语言、艺术、设计、时尚等。在不同的文化中,色彩可能有不同的象征意义。例如,在中国传统文化中,红色通常代表喜庆、吉祥和幸福,而在西方文化中,红色则常常与爱情、激情和勇气联系在一起。此外,不同的文化对色彩的偏好和使用也可能有所不同。色彩对我们的情感、认知和行为有着深远的影响,了解色彩心理学可以帮助我们更好地运用色彩来创造理想的生活和工作环境。

　　色彩文化对人们的生活有着深远的影响。它不仅可以影响人们的情绪和心理状态,还可以传达社会价值观和文化传统。因此,了解和研究色彩文化对于理解不同文化背景下的价值观、审美观念和生活方式具有重要意义。色彩在不同文化中承载着不同的象征意义,通过探索这些象征意义,我们可以更深入地理解不同文化之间的差异和共性。同时,色彩文化也是一个不断发展的领域。随着社会的变化和人们审美观念的改变,色彩的使用和象征意义也在不断变化。因此,对色彩文化的研究也需要不断更新和深化,以适应时代的发展和人们的需求。色彩作为一种视觉元素,在跨文化交流中扮演着重要角色。通过深入研究不同文化中的色彩使用,我们可以增进对不同文化传统的理解和尊重。

　　中国的色彩文化重视色彩的意象和象征意义。古人通过观察自然和生活中的各种色彩,将其与道德、伦理、哲学等观念相联系,形成了独特的色彩象征体系。例如,红色在中国文化中通常代表喜庆、吉祥和繁荣,因为红色与太阳、火焰等自然元素相关联,被视为充满活力和生机的颜色。而白色则常常与纯洁、清净和哀思联系在一起,因为它与雪、云等自然景象相似,同时也与丧事和哀悼有关。

中国的色彩文化也受到五行学说的影响。五行学说认为宇宙万物都由金、木、水、火、土五种元素构成,而每种元素都有其对应的颜色和方位。这种观念在古代建筑、服饰、绘画等方面都有体现,例如宫殿的屋顶常用黄色琉璃瓦,代表土元素和皇家的尊贵地位;而朝服则常用青、赤、黄、白、黑五色,象征五行和天地间的阴阳平衡。

中国的色彩文化还与宗教信仰密切相关。例如,佛教中的色彩象征意义非常丰富,不同颜色代表不同的意义,如红色代表慈悲和智慧,黄色代表智慧和光明,蓝色代表清净和平静等。这些色彩象征意义在佛教寺庙和佛像的绘画、雕塑等方面都有体现。色彩文化还体现在传统艺术和手工艺中。中国传统艺术如绘画、书法、陶瓷等都非常注重色彩的运用和搭配。艺术家们通过巧妙地运用色彩来表现自然和人物的神态、气质和情感,形成了独具特色的艺术风格。同时,中国的传统手工艺如染色、织造、刺绣等也深受色彩文化的影响,创造出了许多精美绝伦的艺术品。

中国的色彩文化是一个博大精深、充满魅力的领域。它不仅体现了古代人们的审美观念和文化传统,也为我们提供了独特的视角和思维方式来理解和欣赏色彩的美妙之处。

第一,中国红色。红色在中国文化中具有浓烈的象征意义,常常与喜庆、吉祥、繁荣等概念相联系。例如,春节期间,人们会贴红色的对联、挂红色的灯笼,以象征好运和繁荣。在瓷器制造中,红色也是非常重要的色彩,如祭红釉、豇豆红等,都是深受人们喜爱的瓷器色彩。

第二,中国黄色。在中国文化中,黄色通常与皇家、尊贵、神圣等概念相联系。例如,古代皇家的宫殿、服饰等常常使用黄色,以象征皇家的尊贵地位。同时,黄色也与土地、农业等概念相关,代表着丰收和富足。

第三,中国青色。青色在中国传统色彩中占有重要地位,它代表着生机、清新和宁静。在古代,青色常被用于绘画、陶瓷等艺术品的制作中。同时,青色也与天空、海洋等自然元素相联系,给人以宽广、深邃的感觉。

第四,中国绿色。绿色在中国文化中象征着生命、和平和希望。在传统的园林设计中,绿色植物被广泛运用,以营造宁静、和谐的氛围。同时,绿色也与茶叶等农产品相关,代表着丰收和繁荣。

第五,中国白色。白色在中国文化中有着丰富的象征意义,它既可以代表纯洁、清净和哀思等概念,也可以象征虚无、空灵等哲学观念。例如,在中国传统的水墨画中,白色常被用作背景色或留白处理,以营造空灵、深远的艺术效果。

这些例子展示了中国色彩文化的丰富多样性和深厚内涵。不同的色彩在中国文化中有着独特的象征意义和审美价值,它们被广泛应用于艺术、建筑、服饰等各个领域,成为中国文化的重要组成部分。

大信色彩文化博物馆,也被称为大信华彩(中华色彩)博物馆,是一个专门展示中国传统色彩文化的博物馆。博物馆由河南大信集团出资建造,其总策划由国内著名设计师张武先生担任,而北京服装学院色彩中心的崔唯教授则担任学术指导。博物馆以"正五色:青赤黄白黑"和"间五色:碧红绿紫流黄"为基本构架和展陈核心,全面介绍了以"阴阳五色说"为代表的中国色彩文化体系的悠久历史、深刻内涵、辉煌成就、丰富遗物,以及其在域外的影响和现代应用(图6-1)。色彩博物馆的展示方式使得参观者能够更深入地理解中国传统色彩文化的魅力和价值。大信色彩文化博物馆的建成结束了长期以来国内缺乏集中且能够固定展示、弘扬中国传统文化瑰宝之一的传统色彩文化遗产的观赏、研究、

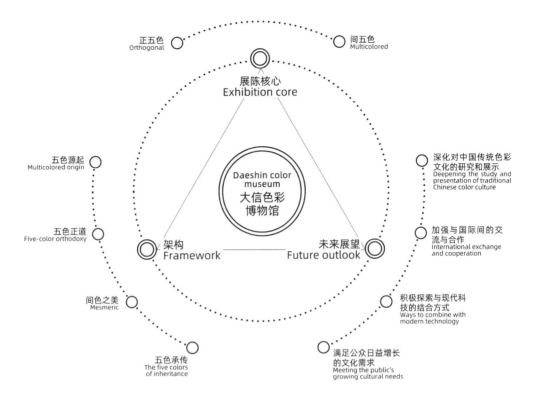

正五色
Orthogonal

间五色
Multicolored

展陈核心
Exhibition core

五色源起
Multicolored origin

Daeshin color
museum
大信色彩
博物馆

深化对中国传统色彩
文化的研究和展示
Deepening the study and
presentation of traditional
Chinese color culture

五色正道
Five-color orthodoxy

架构
Framework

未来展望
Future outlook

加强与国际间的交
流与合作
International exchange
and cooperation

间色之美
Mesmeric

积极探索与现代科
技的结合方式
Ways to combine with
modern technology

五色承传
The five colors
of inheritance

满足公众日益增长
的文化需求
Meeting the public's
growing cultural needs

图6-1 大信色彩博物馆的未来展望、展陈核心和架构

学习场所的缺憾。该博物馆是目前国内唯一的观赏、研究、学习中国传统色彩的2300平方米空间的博物馆,它为中国色彩进一步走向世界搭建了研究平台(图6-2)。大信色彩文化博物馆的创建,源于对中国传统色彩文化的深刻认识和尊重。在全球化的大背景下,保护和传承本土文化显得尤为重要。大信集团深知色彩文化在中华民族历史长河中的重要地位,因此决定出资建造这一博物馆,以期能够唤起公众对传统色彩文化的关注和热爱。该博物馆的建成,不仅结束了国内缺乏专门展示传统色彩文化场所的缺憾,更为中国色彩文化的传承和发展注入了新的活力。它为中国色彩走向世界搭建了研究平台,使得中国传统色彩文化能够在国际舞台上绽放光彩。博物馆通过图文与文物相结合的方式,博物馆向观众呈现了中国色彩文化的历史演变、文化内涵、应用领域以及在现代社会的价值。在展览中,观众可以看到各种传统色彩在服饰、建筑、绘画等领域的应用实例,深入了解中国传统色彩文化的独特魅力和深厚底蕴。

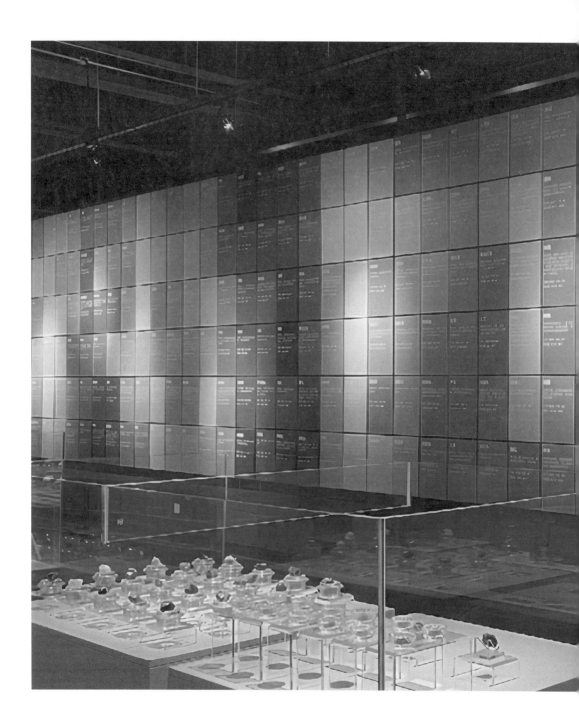

图6-2 大信色彩博物馆

大信色彩文化博物馆不仅是一个展示场所,更是一个学术研究的平台。它吸引了众多国内外学者前来参观研究,促进了中国传统色彩文化的研究和发展。通过与北京服装学院色彩中心等学术机构的合作,博物馆不断推动中国传统色彩文化的学术研究,为中国色彩文化的传承和创新提供了有力支持。通过与国外博物馆、学术机构等的合作与交流,大信色彩文化博物馆将为中国传统色彩文化的国际传播和交流搭建更加广阔的平台,吸引更多年轻人关注和参与到中国传统色彩文化的传承和发展中来。

　　大信色彩文化博物馆不仅是一个简单的展览空间,它更是一个生动的课堂,一个连接过去与现在的桥梁,一个让传统与现代交融的实验室。在博物馆的"传统色彩与现代设计"展区,观众可以看到传统色彩如何被巧妙地运用在现代家居、服装和产品设计中(图6-3)。设计师们从传统色彩中汲取灵感,运用现代设计手法,创作出既具有传统韵味又不失现代感的作品。这些作品不仅受到国内消费者的喜爱,也在国际市场上获得了广泛认可。

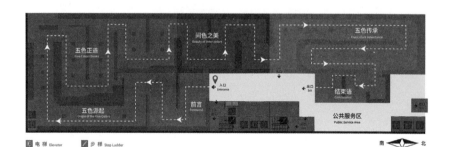

图6-3　大信色彩博物馆平面图

大信色彩文化博物馆不仅是中国传统色彩文化的瑰宝,更是一个充满活力和创造力的平台。通过不断的探索和创新,博物馆将继续为中国传统色彩文化的传承和发展贡献更多的力量,让更多的人了解和爱上中国的色彩文化。

6.2 生活文化博物馆

MUSEUM OF LIVING CULTURE

      生活文化是一个广泛的概念,它涵盖了人们在日常生活中形成和传承的各种习俗、观念、艺术、行为方式以及与之相关的物质文化。生活文化是一个民族的精神风貌和社会风貌的集中体现,中国传统生活文化中的智慧和情趣至今仍对我们产生着深远的影响。生活文化是人们生活方式的体现,反映了社会、历史、地理、经济等多个方面的影响。生活文化是一个民族历史和文化的重要组成部分,通过研究生活文化,我们可以更深入地了解一个民族的历史、传统和价值观。

      中国古代的生活文化包括饮食文化、服饰文化、居住文化、婚丧嫁娶文化、节庆文化、民俗文化等。这些方面共同构成了中国传统文化的丰富内涵。大信研究古人的生活文化是因为这些文化可以塑造现代中国人的价值观和行为方式。在不同的文化背景下,人们对待生活、家庭、社会等方面的态度和行为会有所不同。其次,生活文化促进了不同民族和文化之间的交流和理解。通过了解和欣赏其他民族的文化,人们可以增进彼此之间的友谊和合作。最后,生活文化也是社会发展的重要驱动力。随着时代的变迁和社会的进步,生活文化也在不断发展和创新,为社会的繁荣和进步提供了源源不断的动力。生活美学是探究生活与艺术之间相互关系的学科,通过生活美学的研究,我们可以发现生活中的美,感受文化的魅力,提升生活的品质。

      大信生活文化博物馆(大信博物馆聚落)是一个集家居科学实验室、现代生活方式研究以及珍贵文物收藏、展示于一体的综合性博物馆(图6-4)。该博物馆由大信家居投资兴建,占地56亩,毗邻大信家居总部,自2010年起陆续建成并对公众免费开放,年接待人数达到20多万人次。大信生活文化博物馆聚落共有5个专业级博物馆组成,包括大信厨房文化博物馆、郑州明月家居博物馆、郑州华彩(中华色彩)博物馆、郑州启源非洲木雕艺术博物馆和郑州镜像当代艺术

图6-4　大信生活文化博物馆

博物馆。这些博物馆以文物为主线,研究中国文化的生活方式和生活基因,从中提取数值来进行创造性转化、创新型发展,为企业发展提供一个基础的研究型平台。在大信厨房文化博物馆里,可以看到数量庞大、藏品精美的历代古本灶王经、汉代古陶灶、灶君像等文物,展示了从农耕文明到现代文明的生活方式变迁。而郑州华彩(中华色彩)博物馆则系统、全面地呈现了中国传统色彩文化体系,展示了中国历代陶器、瓷器色彩、服饰色彩以及56个民族传统服饰色彩等方面的文物、文献和染材的矿物、植物标本。

此外,郑州启源非洲木雕艺术博物馆珍藏了上千件来自近二十个非洲国家的皇家和部落酋长、部族的珍贵文物,包括雕像、面具、乐器、建筑构件及生活用品等,展现了原始文明与现代文明一脉相承的踪迹。大信生活文化博物馆聚落是一个以生活文化为主题的综合性博物馆,通过展示珍贵文物和研究现代生活方式,为公众提供了一个了解中国传统文化和现代生活方式的窗口。

大信生活文化博物馆是一个生活的缩影,一个文化的集结地。在这里可以看到历史的痕迹,感受到文化的魅力,更可以探索到生活的真谛。大信生活文化博物馆由大信家居投资兴建,这本身就是一个非常有意义的事情。家居与生活紧密相连,而博物馆则是文化的载体。大信家居希望通过这个博物馆,将生活的文化与家居的艺术相结合,让更多的人了解和感受到生活的美好。博物馆的创建理念是"以文物为主线,研究中国文化的生活方式和生活基因"。这意味着博物馆不仅仅是一个展示文物的场所,更是一个研究、探索、传承文化的平台。在这里,每一件文物都是一个故事的载体,它们讲述着过去的生活,也启示着未来的方向。

大信生活文化博物馆不仅为公众提供了一个了解中国传统文化和现代生活方式的窗口,更成为一个文化交流的重要平台(图6-5)。在这里,可以亲身感

图6-5　大信生活文化博物馆平面图

受到传统文化的魅力，也可以了解到现代生活的变迁。这种跨时空的文化交流，不仅增强了人们的文化自信，也促进了不同文化之间的理解与融合。此外，博物馆还为企业提供了一个基础的研究型平台。通过对文物的研究和展示，企业可以更加深入地了解消费者的需求和喜好，从而推出更加符合市场需求的产品和服务。这种以文化为基础的创新型发展，不仅推动了企业的发展壮大，也为整个社会的文化繁荣作出了贡献。

　　在大信生活文化博物馆中，细节之处往往能够展现出博物馆的用心和特色。例如，在厨房文化博物馆中，除了展示各种厨房用具和食材外，还特意设置

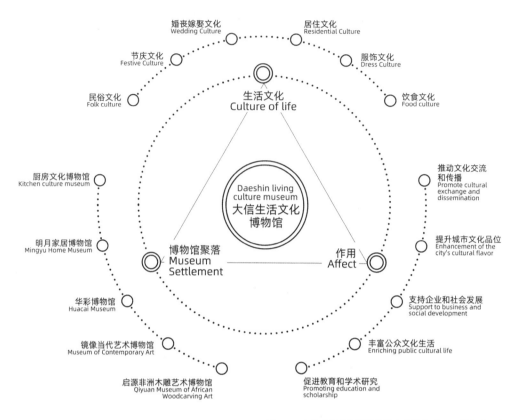

婚丧嫁娶文化
Wedding Culture

居住文化
Residential Culture

节庆文化
Festive Culture

服饰文化
Dress Culture

民俗文化
Folk culture

生活文化
Culture of life

饮食文化
Food culture

厨房文化博物馆
Kitchen culture museum

推动文化交流
和传播
Promote cultural
exchange and
dissemination

Daeshin living
culture museum
大信生活文化
博物馆

提升城市文化品位
Enhancement of the
city's cultural flavor

明月家居博物馆
Mingyu Home Museum

博物馆聚落
Museum
Settlement

作用
Affect

华彩博物馆
Huacai Museum

支持企业和社会发展
Support to business and
social development

镜像当代艺术博物馆
Museum of Contemporary Art

丰富公众文化生活
Enriching public cultural life

启源非洲木雕艺术博物馆
Qiyuan Museum of African
Woodcarving Art

促进教育和学术研究
Promoting education and
scholarship

图6-6　大信生活文化博物馆的文化详情、作用和博物馆聚落

了互动体验区。游客可以在这里亲手制作传统的面食、糕点等食品,亲身感受到传统厨房的魅力。这种互动体验的方式不仅让游客更加深入地了解传统文化,也增强了他们的参与感和体验感。在色彩文化博物馆中,博物馆还特意设置了色彩体验区。游客可以在这里尝试使用各种传统色彩绘制画作、制作手工艺品等,亲身感受到中国传统色彩文化的魅力。这种色彩体验的方式不仅让游客更加深入地了解传统色彩文化,也激发了他们的创造力和想象力。

　　大信生活文化博物馆,作为一个集家居科学实验室、现代生活方式研究以及珍贵文物收藏、展示于一体的综合性博物馆,在近些年来的社会发展中起到了不可忽视的作用(图6-6)。首先,它不仅丰富了公众的文化生活,推动了文化交流和传播,还为企业和社会的发展提供了强大的支持。大信生活文化博物馆作为一个开放性的文化平台,为公众提供了丰富多样的文化体验。无论是厨房文化、色彩文化还是非洲木雕艺术,博物馆都通过精心策划的展览和活动,让公众近距离地感受到不同文化的魅力。这种文化的熏陶和启迪，不仅丰富了公众的精神世界，也提高了人们的文化素养和审美能力。

其次，大信生活文化博物馆作为一个文化交流的场所，为不同文化之间的对话和融合提供了平台。通过展示不同国家和地区的文物和艺术品，博物馆促进了人们对于多元文化的认识和理解。同时，博物馆还积极开展国际合作和交流，引进国外优秀的文化展览和活动，让公众在家门口就能感受到世界文化的多样性。这种文化的交流和传播，不仅拓宽了人们的视野，也促进了不同文化之间的相互尊重和理解。

其三，大信生活文化博物馆作为大信家居的重要组成部分，为企业的发展提供了强大的支持。通过对生活文化的研究和展示，博物馆为企业提供了源源不断的创意和灵感。同时，博物馆还积极开展社会公益活动，如文化讲座、艺术培训等，提高了企业的社会责任感和品牌形象。此外，博物馆还与企业合作开展了一系列文化创新项目，如家居设计大赛、文化创意产品等，为企业带来了更多的商业机会和发展空间。这种文化与商业的有机结合，不仅推动了企业的发展壮大，也为社会的进步和繁荣作出了贡献。

最后，大信生活文化博物馆作为一个重要的教育和学术资源，为学校和科研机构提供了丰富的研究材料和教学实践基地。博物馆通过与学校合作开设课程、举办讲座和研讨会等方式，为学生提供了直观生动的学习体验。同时，博物馆还积极参与学术研究，与国内外专家学者合作开展了一系列课题研究和项目合作。这种教育和学术研究的融合，不仅推动了文化领域的学术进步和创新发展，也为培养更多优秀的文化人才提供了有力支持。

6.3 厨房文化博物馆

KITCHEN CULTURE MUSEUM

　　厨房,这个看似平凡的空间,实则承载着人类对于食物、对于生活的无尽探索与热爱。厨房文化是现代厨房的一个产物,它是随着人们观念的转变而逐渐形成的。厨房作为家居饮食区域,已经从功能配套型发展为生活家居的一部分。厨房里的烟火气,是家的味道,是生活的温度。现代厨房设计更加趋向人性化、艺术化和智能化,追求厨房合理的功能划分和材质外观的统一搭配。

　　厨房文化不仅仅体现在厨房的设计和装修上,还体现在烹饪方式和厨房用品的选择上。例如,现代厨房中的智能化设备,如电磁灶等,使得烹饪变得更加方便、快捷和清洁。此外,人们也越来越注重健康饮食,追求适量、均衡、健康的饮食方式,这也影响了厨房文化的发展。

　　中国的厨房文化有着悠久的历史和深厚的底蕴。从古代的陶制炊具、青铜食具,到现代的智能化厨电设备,无不体现了中国厨房文化的发展与变革。在这个过程中,人们对美的追求和对物质的享受也越来越重要。厨房文化是人们生活中不可或缺的一部分,它体现了人们的生活方式、审美观念和饮食习惯。中国现代厨房设计趋向于人性化、艺术化和智能化。厨房的布局、色调、照明等因素都会影响到烹饪的舒适度和愉悦感。比如,开放式的社交厨房设计,让厨房成为家庭交流的重要场所,体现了现代厨房的社交功能。厨房文化也体现在烹饪方式和技巧上。不同的地区、民族和国家都有自己的烹饪传统和特色菜肴。这些烹饪传统和特色菜肴的传承和发展,形成了各具特色的厨房文化。厨房用品和餐具也是厨房文化的重要组成部分。厨房用品的材质、外观、功能等因素都会影响到烹饪的效率和舒适度。而餐具的选择也体现了人们对美食的追求和对生活的热爱。厨房文化最终体现在食物和饮食习惯上。不同地区、民族和国家的人们都有自己的饮食偏好和习惯。这些饮食偏好和习惯的形成,与当地的食材、气候、文化传统等因素密切相关。

　　大信厨房文化博物馆位于河南省郑州市经济技术开发区,是中国第一家以厨房为主题的公益性博物馆。它不受"周一闭馆"的限制,全年大部分时间无休,为游客提供了一个全方位展示中华厨房文化的场所。该博物馆由河南省大信整体厨房科贸有限公司出资建设,馆舍有效使用面积3080平方米,其中展厅面积2280平方米(图6-7)。馆内藏品丰富,包括古代中国特有的饮食文化相关文物,这些展品跨越时光,展示了中华民族饮食文化的深厚底蕴。此外,大信厨房文化博物馆还注重对外交流,将《灶王经》全部翻译成了英文陈列于馆中,方便外国游客阅读和理解。这种举措不仅展示了中国厨房文化的魅力,也促进了不同文化之间的交流与融合(图6-8、图6-9)。

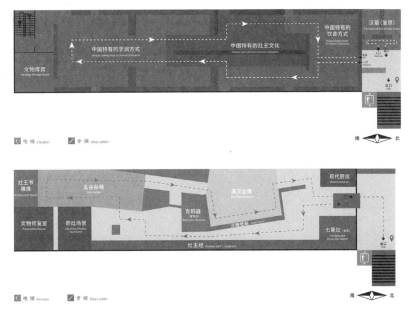

图6-7 大信厨房文化博物馆平面图

图6-8　大信厨房文化博物馆

博物馆设有专门的展厅,展示古代中国特有的饮食文化,包括烹饪器具、食材、烹饪方式等。这些展览旨在向游客展示中国厨房文化的历史发展和演变。为了让游客更深入地了解厨房文化,博物馆还设有一些互动体验项目。例如,游客可以亲自尝试使用古代的烹饪器具,体验传统的烹饪方式,从而更直观地感受中国厨房文化的魅力。博物馆定期举办各种文化活动,如讲座、研讨会、烹饪比赛等。这些活动为游客提供了一个学习和交流的平台,让他们更深入地了解中国厨房文化的内涵和价值。针对儿童和青少年推出了教育项目,通过游戏互动等方式,让孩子们在玩乐中学习和了解中国厨房文化,培养对传统文化的兴趣和尊重。

　　大信厨房文化博物馆作为一个展示中华饮食文化的场所,对于增强社会认同感和凝聚力具有积极作用。通过参观博物馆,人们可以更加深入地了解自己的文化传统和历史背景,从而增强对国家和民族的认同感和归属感。这种认同感和凝聚力的提升有助于促进社会的和谐稳定和发展进步(图6-9)。

　　大信厨房文化博物馆的藏品和展览不仅展示了中国厨房文化的历史和传统,也为现代人们提供了启发创新思维和创造力的源泉。通过学习和借鉴传统烹饪技艺和文化元素,人们可以在此基础上进行创新和发展,推动中国厨房文化在现代社会的传承和创新。这种创新思维和创造力的培养对于推动社会进步和发展具有重要意义。作为公益性博物馆,大信厨房文化博物馆在传承与保护厨房文化遗产方面发挥了重要作用。博物馆通过收藏、整理和展示古代烹饪器具、食材、烹饪方式等各个方面的文化元素,使得这些珍贵的文化遗产得以保存和传承。这些藏品不仅具有历史价值,更是中华厨房文化的活化石,对于后人研究和了解中国厨房文化的发展历程具有重要意义。

　　作为一个公益性的文化交流平台,大信厨房文化博物馆吸引了来自不同国

图6-9　大信厨房文化博物

第二部分　艺术博览——文化艺术的传承　145

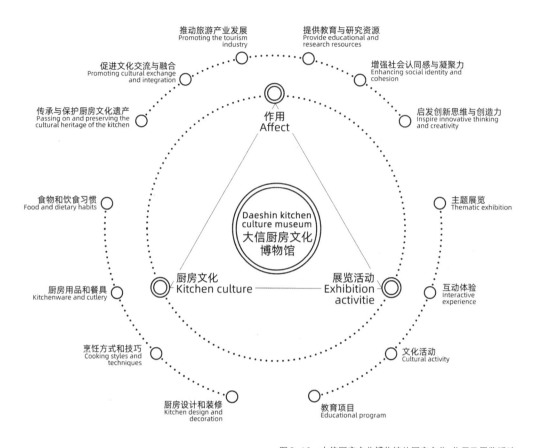

推动旅游产业发展
Promoting the tourism industry

提供教育与研究资源
Provide educational and research resources

促进文化交流与融合
Promoting cultural exchange and integration

增强社会认同感与凝聚力
Enhancing social identity and cohesion

传承与保护厨房文化遗产
Passing on and preserving the cultural heritage of the kitchen

作用
Affect

启发创新思维与创造力
Inspire innovative thinking and creativity

食物和饮食习惯
Food and dietary habits

Daeshin kitchen culture museum
大信厨房文化博物馆

主题展览
Thematic exhibition

厨房用品和餐具
Kitchenware and cutlery

厨房文化
Kitchen culture

展览活动
Exhibition activitie

互动体验
Interactive experience

烹饪方式和技巧
Cooking styles and techniques

文化活动
Cultural activity

厨房设计和装修
Kitchen design and decoration

教育项目
Educational program

图6-10　大信厨房文化博物馆的厨房文化、作用及展览活动

家和地区的人们前来参观。博物馆的展览和活动为游客提供了一个了解和体验中国厨房文化的机会,同时也促进了不同文化之间的交流与融合。这种文化交流不仅增强了中华文化的国际影响力,也推动了世界文化多样性的发展。同时,大信厨房文化博物馆也为当地旅游产业的发展做出了贡献。博物馆作为一个独特的文化景点,吸引了大量游客前来参观,为当地带来了可观的经济收入。同时,博物馆的推广和宣传也提升了城市的文化形象和知名度,进一步推动了旅游产业的发展。

　　大信厨房文化博物馆为公众提供了宝贵的学习机会。博物馆通过举办讲座、研讨会等活动,为公众提供了深入了解中国厨房文化的渠道。同时,博物馆的藏品和资料也为专家学者提供了宝贵的研究资源,推动了相关领域的学术研究和发展。

大信厨房文化博物馆在传承与保护厨房文化遗产、促进文化交流与融合、推动旅游产业发展、提供教育与研究资源以及增强社会认同感与凝聚力等方面都发挥了重要作用。它的公益性定位使得更多的人能够接触到中华厨房文化的魅力,从而增强对传统文化的认同感和尊重。同时,博物馆也需要不断创新和完善自身建设,以适应时代发展的需要和满足公众日益增长的文化需求。

6.4 现代艺术博物馆

MUSEUM OF MODERN ART

现代艺术出现了许多重要的流派和风格,例如立体主义、未来主义、达达主义、超现实主义等。这些流派和风格相互交织,形成了现代艺术的丰富多样性。现代艺术是对既定形式的拒绝,是对传统审美观念的颠覆,它寻求新的表达方式和观看角度。这种多元性反映了现代社会的多样性和复杂性。现代艺术家们经常进行实验性的创作,尝试新的媒介、技术和观念。这种实验性不仅推动了艺术的发展,也丰富了艺术的表现形式。现代艺术不再仅仅关注对事物的描绘,而是更加强调艺术家的观念和情感表达。这种观念性的强调使现代艺术更加深入人心,引起观众的共鸣。

现代艺术家们通过他们的作品,表达了对现代社会、文化和人类存在的思考和探索。同时,现代艺术也为观众提供了更多的选择和可能性,使他们能够更深入地理解和感受艺术的魅力。现代艺术是一种对既有规范的质疑和超越,它不断推动艺术的边界,使其与社会、文化和政治语境紧密相连。现代艺术不仅仅是形式的创新,更是对个体经验、社会变迁和文化认同的深刻反映。

大信现代艺术博物馆,作为艺术的重要载体和展示平台,其藏品是博物馆的灵魂和核心。这些藏品不仅代表了艺术家的创作心血和才华,也反映了现代艺术的发展历程和演变。本文将对大信现代艺术博物馆的藏品进行深入介绍,带您领略这些艺术瑰宝的魅力和价值。大信现代艺术博物馆的藏品丰富多样,涵盖了绘画、雕塑、装置艺术、摄影、书法、设计等多个艺术领域(图6–11)。这些藏品不仅来自国内外知名艺术家的创作,也包括了新兴艺术家的作品,展现了现代艺术的多样性和包容性。藏品中既有传统艺术的经典之作,也有当代艺术的创新之作,构成了一个完整的艺术谱系。

这些藏品也是艺术家们创作心血和才华的结晶,代表了当代艺术的最高水平和成就。它们的展示和传播,不仅丰富了人们的精神生活,也推动了艺术的创

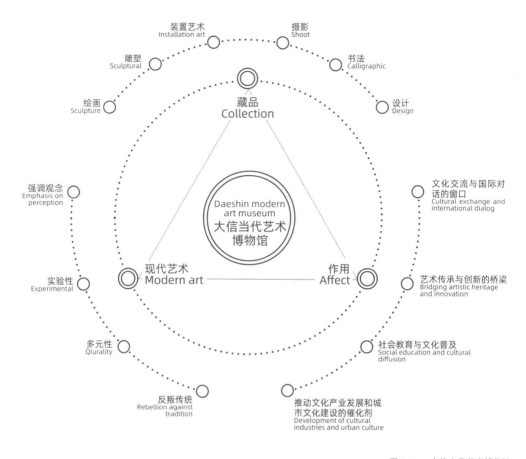

装置艺术
Installation art

摄影
Shoot

雕塑
Sculptural

书法
Calligraphic

绘画
Sculpture

设计
Design

藏品
Collection

Daeshin modern
art museum
大信当代艺术
博物馆

强调观念
Emphasis on
perception

文化交流与国际对
话的窗口
Cultural exchange and
international dialog

实验性
Experimental

现代艺术
Modern art

作用
Affect

艺术传承与创新的桥梁
Bridging artistic heritage
and innovation

多元性
Qlurality

社会教育与文化普及
Social education and cultural
diffusion

反叛传统
Rebellion against
tradition

推动文化产业发展和城
市文化建设的催化剂
Development of cultural
industries and urban culture

图6-11 大信当代艺术博物馆

新和发展。为了确保藏品的完整性和永久性保存,大信现代艺术博物馆采取了多种措施进行保护和传承。首先,博物馆建立了完善的藏品保护制度和管理体系,确保藏品在展示和保存过程中得到妥善的保护。其次,博物馆还开展了多种形式的艺术教育和推广活动,让更多的人了解和欣赏这些艺术瑰宝。此外,博物馆还积极与国内外其他艺术机构合作,共同推动艺术品的保护和传承工作。

大信现代艺术博物馆致力于艺术教育和研究工作。它经常组织各种讲座、研讨会和培训课程,为公众提供艺术教育的机会。同时,博物馆还与多家高校和研究机构合作,开展艺术史、艺术评论、艺术市场等方面的研究,为现代艺术的发展提供理论支持。大信现代艺术博物馆的建成开放,对于提升郑州市的文化品质、推动现代艺术的发展具有重要意义(图6-12)。它不仅为市民提供了一个高雅的艺术欣赏空间,也促进了当地文化产业的发展。同时,博物馆通过其丰富的藏品和高质量的展览,为艺术家和学者提供了宝贵的研究资源,推动了现代

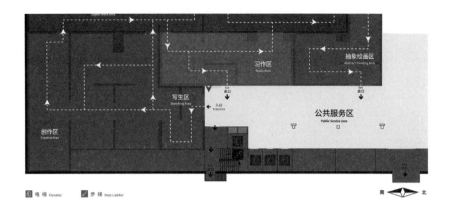

图6-12   大信现代艺术博物馆平面图

艺术的研究和创新。

　　尽管大信现代艺术博物馆在多个方面取得了显著的成绩,但它仍然面临着一些挑战。如何持续吸引观众、提高展览质量、加强艺术教育和研究等方面的工作仍需努力。未来,博物馆可以进一步拓展其收藏范围,加强与国际艺术界的交流与合作,提高其在国际艺术领域的影响力。同时,博物馆还可以利用现代科技手段,如虚拟现实、增强现实等,为观众提供更加丰富的艺术体验。

　　在全球化的今天,文化交流与国际对话的重要性愈发凸显。大信现代艺术博物馆作为一个国际化的艺术平台,为国内外艺术家和观众提供了展示和交流的机会。通过举办各种国际展览、艺术论坛和文化交流活动,博物馆不仅展示了中国当代艺术的魅力,也吸引了世界各地的艺术家和观众前来参观和交流。这种跨文化的交流与对话,不仅促进了艺术的发展和创新,也加深了各国人民之间的友谊和理解。这些活动不仅提高了公众的艺术素养和审美能力,也丰富了人们的精神生活。同时,博物馆还通过其展览和藏品,向公众传递了积极向上的价值观和文化精神,对提升公众的文化素质和社会文明程度起到了积极的推动作用(图6-13)。

　　大信现代艺术博物馆的意义远超出了简单的艺术展览和收藏。它是艺术传承与创新的桥梁、文化交流与国际对话的窗口、社会教育与文化普及的重要场所以及推动文化产业发展和城市文化建设的催化剂。在未来的发展中,大信现代艺术博物馆将继续发挥其在当代社会中的重要作用和价值,为艺术的发展、文化的传承和社会的进步贡献自己的力量。

参考文献：

[1] 芬利，V. (2013). 色彩的语言：文化与象征. 中信出版社.

[2] 杰克逊，C. (2018). 色彩心理学：影响我们生活和工作的色彩力量. 人民邮电出版社.

[3] 坎贝尔，A. (2019). 色彩的秘密语言：跨文化视角下的色彩象征. 中国美术学院出版社.

[4] 莱顿，R. (2017). 色彩与文化：跨文化视角下的色彩研究. 商务印书馆.

[5] 李泽厚. (2008). 生活的艺术：中国传统生活文化研究. 生活·读书·新知三联书店.

[6] 王受之. (2011). 中国生活文化史. 中国社会科学出版社.

[7] 宗白华. (2008). 生活美学：东方生活文化与艺术. 北京大学出版社.

[8] 庄祖宜. (2016). 厨房里的人类学家. 生活·读书·新知三联书店.

[9] 汪曾祺. (2018). 食事. 天津人民出版社.

[10] 贡培兹，W. (2017). 现代艺术150年. 广西师范大学出版社.

[11] Greenberg, C. (1961). "Modern Art and Cultural Criticism." Harvard University Press.

[12] 布列逊，N. (2004). 现代艺术：一部批判史. 江苏美术出版社.

[13] Read, H. (1939). "The Meaning of Modern Art." Faber and Faber.

图6-13　大信当代艺术博物馆

第七章　设计创新中心建设新方略

A NEW STRATEGY FOR BUILDING DESIGN AND INNOVATION CENTERS

7.1 历史文化与智慧传承的设计平台

A DESIGN PLATFORM FOR THE TRANSMISSION OF HISTORY,CULTURE AND WISDOM

　　历史文化与智慧传承是一个相互交织、相互促进的过程。历史文化是一个国家或地区在长期的历史发展过程中形成的独特文化遗产,它包括了该国家或地区的语言、文字、艺术、哲学、道德、法律、风俗、习惯等多个方面。而智慧传承则是指将这些历史文化中的优秀元素、精髓和价值观传递给后代,以便他们在面对现代社会的挑战时能够从中汲取智慧和力量。设计不仅是一种艺术形式,也是历史文化和智慧的传承方式,它连接着过去与未来,传承着价值与意义。

　　历史文化不仅是设计的灵感来源,也是设计创新的基础。不同文化之间的交流与融合日益频繁,保护和传承本土历史文化显得尤为重要。同时,面对现代社会的各种挑战和问题,也需要从历史文化中汲取智慧和力量,以更好地应对未来的挑战。因此,加强历史文化与智慧传承的研究和实践具有重要意义。这不仅可以保护和传承优秀的历史文化遗产,还可以为现代社会提供有益的智慧和启示。同时,通过推动历史文化与智慧传承的发展,也可以促进人类文明的进步和发展。

　　企业的设计平台应该是一个集创新、文化和智慧于一体的空间,通过设计的方式将历史与未来、传统与现代巧妙地融合起来(图7-1)。设计不仅是形式的表现,更是文化的传承和智慧的体现,设计师应该承担起传承和创新文化的责任。如何确保平台上的历史文化内容准确无误,且能吸引用户兴趣。如何提高用户的参与度和黏性,确保平台持续活跃。如何处理大量的数据和信息,确保平台的稳定运行。如何保护历史文化资源的知识产权,避免侵权行为。如何维持平台的运营,确保长期可持续发展。

　　首先,建立专业的审核团队,对上传的内容进行严格审核。与权威机构合作,引入高质量的历史文化内容。鼓励用户参与内容创建和分享,通过用户生成内容丰富平台内容。举办有趣的活动和竞赛,吸引用户参与。其次,建立社区交

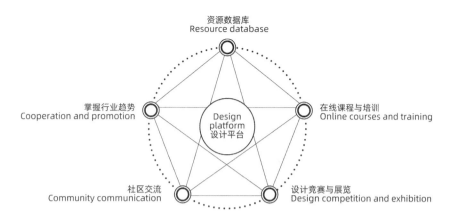

资源数据库
Resource database

掌握行业趋势
Cooperation and promotion

Design
platform
设计平台

在线课程与培训
Online courses and training

社区交流
Community communication

设计竞赛与展览
Design competition and exhibition

图7-1 设计平台的数据信息

流功能, 促进用户之间的互动和交流。投入足够的资源进行技术研发和升级, 确保平台的稳定性和性能。采用先进的技术手段, 提高平台的数据处理能力和用户体验。其三, 建立完善的版权保护机制, 明确用户上传内容的版权归属, 提高用户的版权意识。其四, 寻求多元化的资金来源, 如政府补贴、企业赞助、广告收入等。其五, 开展商业合作, 如与电商平台合作推广文化产品等。探索盈利模式, 如提供付费服务、开设会员等。

通过综合运用这些方法, 历史文化与智慧传承的设计平台可以更加稳健地运营, 为用户提供更高质量的服务和体验。历史文化与智慧传承的设计平台, 当其转变为公益性质时, 其运营策略、目标定位、服务内容等方面都会发生显著变化。以下是对公益性质设计平台的详细介绍, 以及其在运营、内容、资金、合作等方面的策略探讨。

大信最初经营领域是橱柜产品。学习工业设计的庞总认为: "做好橱柜一定要先了解厨房的历史沿革和发展脉络, 才能做出专业的、符合中国用户需求的好产品。"通过文物研究把中国的文化和传统、现代科技、设计理念和工业化、标准化结合起来, 找到符合中国用户需求的产品定位。运用设计思维把传统家具造物至简至纯、厚拙典雅等审美特色融入现代家居产品设计创新, 从形式、材料、色彩、风格、功能等维度打造符合中国用户的生活习惯与使用需求的家居产品系统。"盛唐直楞格"、"宋雅芳心"是近年来大信的获奖产品, 融合了中国传统审美文化的新中式产品设计, 加入了青年群体喜爱的传统元素符号, 更容易与用户产生情感共鸣。庞总相信: "向后看多远, 才能向前看多远, 文物是民族文化的物证,文化抽象出生活的高级形态,在设计创新时,从文物和文化中剥丝抽茧、探索规律,然后形成'最小单元'作为家居数据的源代码,这将构成大信家居产品设计规模化与个性化定制的核心逻辑。"

大信家居可以在产品设计中融入历史文化元素(图7-2),结合现代审美和实用功能,打造出既具有文化底蕴又符合现代生活需求的家居产品。例如,可以在家具设计中运用传统的雕刻工艺、色彩搭配和材质选择,让现代家居空间散发出传统美学的韵味。大信家居可以积极引入智慧科技,提升产品的智能化水平。可以通过智能家居系统实现家居设备的互联互通,提供便捷的控制和管理体验;同时,也可以利用大数据和人工智能技术,为用户提供个性化的家居设计和购物推荐服务。大信家居可以打造一个线上线下互动体验平台,让用户可以在线上了解产品信息和设计灵感,同时线下实体店提供真实的触摸和体验机会。通过线上线下相结合的方式,可以为用户提供更加全面和丰富的购物体验。可以与博物馆、图书馆等文化机构合作,共同开展历史文化主题的家居设计展览和活动;也可以与设计公司、科技公司等合作,共同研发具有创新性和实用性的家居产品。

大信家居通过融合历史文化与智慧传承的理念和技术手段,可以打造出具有独特魅力和竞争力的家居产品和服务,为用户提供更加优质和个性化的生活体验。同时,通过积极参与公益活动和建立合作伙伴关系,大信家居也可以实现社会价值和商业价值的双赢。

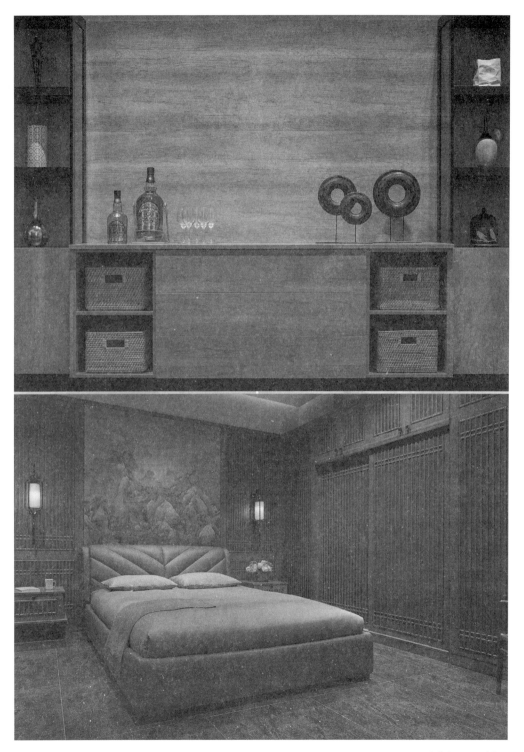

图7-2　大信家居的设计文化

7.2 产品特征与品牌形象的文化展台

CULTURAL BOOTHS FOR PRODUCT FEATURES AND BRAND IMAGE

品牌形象成为企业赢得消费者信任、实现差异化竞争的重要手段。产品特征作为品牌形象的核心组成部分,对于塑造和提升品牌形象具有至关重要的作用。产品不仅是功能的集合,更是文化的载体。通过深入挖掘产品特征背后的故事,我们能够构建出独特而富有吸引力的品牌形象。产品特征是指产品的固有属性、功能和表现形式,包括外观设计、性能表现、使用便利性等多个方面。这些特征通过直接与消费者接触,形成了消费者对产品的初步印象和认知。品牌形象则是消费者对企业及其产品的整体印象和评价,是消费者心中对品牌的认知和情感的集合。产品特征与品牌形象之间的关系,可以理解为前者是后者形成的基础和关键因素。品牌形象是产品与消费者之间文化连接的桥梁(图7-3),它不仅仅反映了产品的物理特征,更体现了品牌所承载的文化价值和意义。

第一,外观设计。产品的外观设计是品牌形象最直观的体现。独特而美观的外观设计能够吸引消费者的眼球,提升产品的辨识度和记忆度。例如,苹果公司的iPhone系列产品,其简约而时尚的外观设计成为品牌的标志性特征,为苹果树立了高端、创新的品牌形象。

第二,性能表现。产品的性能表现直接关系到消费者的使用体验和满意度。卓越的性能能够满足消费者的需求,提升消费者对品牌的信任和忠诚度。例如,汽车制造商特斯拉在电动车领域凭借其卓越的性能表现和续航里程,赢得了消费者的广泛认可和好评,进一步巩固了其创新、领先的品牌形象。

第三,使用便利性。产品的使用便利性关系到消费者的使用习惯和依赖性。易于操作、功能齐全的产品能够提升消费者的使用满意度,从而增强对品牌的好感度。例如,智能家居品牌小米推出的智能家居产品,通过简单易用的操作界面和丰富的功能,为消费者带来了便捷的生活体验。

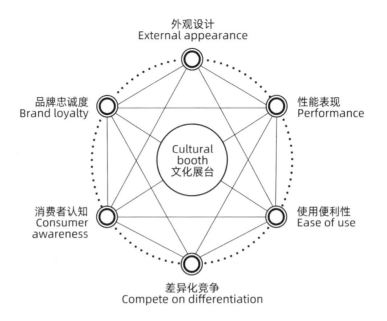

外观设计
External appearance

品牌忠诚度
Brand loyalty

性能表现
Performance

Cultural
booth
文化展台

消费者认知
Consumer
awareness

使用便利性
Ease of use

差异化竞争
Compete on differentiation

图7-3 文化展台的产品特征、文化融合及品牌形象

  第四,差异化竞争。独特的产品特征能够帮助企业在市场中实现差异化竞争,提升品牌的知名度和影响力。例如,运动品牌阿迪达斯凭借其独特的设计和创新技术,在运动鞋市场中脱颖而出,成为全球知名的运动品牌。

  第五,消费者认知。产品特征通过影响消费者的认知和情感,进而影响品牌形象。优质的产品特征能够提升消费者的认知度和好感度,增强品牌的吸引力和竞争力。反之,若产品特征存在缺陷或不足,则可能导致消费者对品牌产生负面印象和评价。

  第六,品牌忠诚度。持续提供优质的产品特征能够赢得消费者的信任和忠诚,进而提升品牌的忠诚度和口碑效应。消费者对品牌的忠诚度越高,越愿意为品牌的产品和服务支付更高的价格,从而为企业带来更大的市场份额和利润空间。

  以华为为例,凭借其强大的研发实力和创新能力,华为的产品特征表现在以下几个方面:首先,先进的技术。华为不断投入研发资金和技术力量,推出了多款搭载自研芯片的智能手机产品。这些产品具有高性能、低功耗等优点,满足了消费者对手机性能的高要求。其次,优质的外观设计。华为注重产品的外观设计和用户体验,推出了多款外观美观、手感舒适的智能手机产品。这些产品不仅具有高度的辨识度和记忆度,还提升了消费者的使用满意度和忠诚度。产品的设计特征应当能够激发消费者的情感共鸣,这种共鸣是品牌形象与文化展台建立的关键。最后,全面的功能配置:华为的智能手机产品不仅具备基本的通信、娱乐等功能,还拥有多种实用的应用场景和特色功能。

家居市场竞争日益激烈,品牌形象的塑造成为企业赢得市场份额的关键。大信凭借其独特的产品特征和深入人心的品牌形象,成功吸引了众多消费者的目光。产品是文化的载体,品牌是文化的传播者。通过深入挖掘产品特征与品牌形象之间的文化联系,打造一个富有吸引力和影响力的文化展台(图7–4)。

博物馆集群赋能大信的营销推广。正所谓"品山须有水",中国传统文化传承是大信家居设计创新的"点睛之笔"。文化触发了技术与艺术在产品中的融合,也实现了实用与审美在产品内部统一。大信找出定制家居行业发展的破局点,庞总发现:"想成交先体验。然而现实问题是,体验需要足够大的店面和展厅,一般企业的区域经销商无法承担,将其建在工厂会受到辐射半径的限制,没办法引流更多的消费者。大信依托文化博物馆群落在工业设计中心建起8万平方米的展厅,以文旅体验引流,构建起家居行业特色鲜明的营销体系。"

大信家居注重设计创新,紧跟时代潮流,将现代简约、北欧风情、中式古典等多种风格融入产品中。设计师们深入挖掘消费者的审美需求,通过独特的设计语言,为消费者打造既实用又具有艺术美感的家居空间。大信家居坚持以严格的标准和精湛的工艺打造每一件产品。从原材料的选择到生产工艺的把控,再到成品的检验,每一个环节都经过精心策划和严格把关。这种对品质的执著追求,使得大信的产品在市场上赢得了良好的口碑和消费者的信赖。

大信的产品坚持融入环保理念。在环保日益成为全球关注焦点的今天,在

图7-4　大信产品设计创新形成企业文化展台

产品设计和生产过程中，大信家居注重使用环保材料和低碳技术，努力减少对环境的影响。这种环保理念不仅体现了企业的社会责任担当，也为消费者创造了健康舒适的家居环境。在展台的布置上，大信家居运用了中国传统的山水画、书法等艺术形式，与现代的家居产品相映成趣，形成了一种独特的视觉冲击力。这种传统与现代的融合，不仅彰显了大信家居对传统文化的尊重与传承，也展现了品牌对现代审美趋势的敏锐洞察。文化展台不仅是产品的展示平台，更是生活方式的展示舞台。大信家居通过精心策划的场景布置和生动的生活场景演绎，向消费者展示了品牌所倡导的家居生活理念。这种生活方式的展示，让消费者在欣赏产品的同时，也能感受到品牌所倡导的生活态度和品质追求，从而与品牌产生更深层次的情感共鸣。通过设置触摸式显示屏、VR体验区等互动设施，让消费者能够亲身感受产品的质感和功能，提升消费者的购物体验。这种互动体验的提升，不仅增强了消费者对品牌的认知度和好感度，也为品牌形象的塑造起到了积极的推动作用。在产品设计中，大信家居巧妙地融入了中国传统文化元素，如传统的纹理、色彩和造型等。这些文化元素的运用，不仅让产品更具艺术美感，也让消费者能够感受到品牌所承载的文化内涵。品牌形象的文化提升是大信家居品牌塑造的重要一环。通过文化展台的打造和传统文化的融合，大信家居成功地将品牌形象提升到了一个新的高度。

大信家居的文化展台不仅仅是一个产品的展示空间，更是品牌文化、设计理念和艺术追求的集中体现。这个展台巧妙地融合了传统与现代元素，为消费者呈现出一个既具有历史底蕴又不失现代感的家居世界。通过将产品特征与传统文化元素相结合，大信家居成功地将品牌形象根植于深厚的文化底蕴之中，提升了品牌的认知度和影响力。这种产品特征与品牌形象的文化融合，不仅让大信家居在市场上独树一帜，也为品牌的长期发展奠定了坚实的基础。

7.3 中国智慧与生活行为的创新舞台

CHINESE WISDOM AND LIFE BEHAVIOR IN THE STAGE OF INNOVATION

在悠久的历史长河中,中国智慧以其深邃的内涵和独特的魅力,为中华民族的繁荣昌盛提供了不竭的动力。进入现代社会,这种智慧更是与时俱进,与科技创新、生活行为变革紧密相连,共同构筑了一个充满活力的创新舞台。中国智慧,源远流长,它不仅仅是传统文化的积淀,更是现代生活行为的创新源泉。中国智慧强调天人合一、和谐共生的理念,这种哲学思想深刻影响了中国人的生活行为。生活行为是设计创新的基石,通过深入洞察中国人的生活智慧和习惯,我们可以创造出更加符合本土需求的设计方案。在现代科技的推动下,中国智慧与科技创新紧密结合,为生活行为的创新提供了广阔的空间。

中国智慧与生活行为的创新舞台是相辅相成的。中国智慧为生活行为的创新提供了丰富的思想资源和文化底蕴,而生活行为的创新则在中国智慧的指引下不断发展壮大。未来,中国智慧与生活行为的创新将更加紧密地结合在一起,共同推动人类社会向更加美好的未来迈进。中国传统哲学智慧,是理解中国人生活行为的重要钥匙,它为我们提供了独特的视角和方法来探索生活的创新之路(图7-5)。

中国智慧强调"变则通,通则久",即变化是通往成功的必经之路。这种思想鼓励人们在面对问题时,不拘泥于传统观念,勇于尝试新的方法和思路。在创新过程中,中国智慧为创新者提供了广阔的思维空间,使其能够灵活应对各种挑战,实现突破。中国智慧注重整体性和综合性,强调事物之间的相互联系和相互作用。这种思想在创新过程中表现为跨学科整合的能力。创新者能够运用中国智慧,将不同学科的知识和方法进行有机融合,形成新的创新点和解决方案。这种能力使得创新更加全面、深入和具有实际价值。在创新过程中,这种智慧使得创新者能够关注人的需求和感受,创造出更加符合人性、贴近生活的创新产品和服务。同时,情感智慧也使得创新者能够更好地理解用户反馈和需求,及时调整

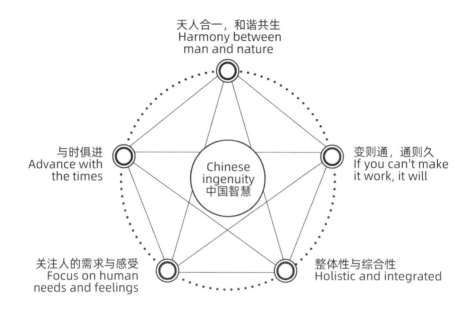

图7-5 中国智慧与生活行为的发展、影响及体现

创新方向,实现持续改进。中国设计智慧融合了传统与现代的元素,通过不断创新和发展,为生活行为提供了丰富的舞台和无限的可能性。

大信将中国古人的生活智慧融入产品设计创新之中,企业主要从事家居产品设计、研发、生产和销售,自主建立"易简"大规模个性化定制模式,为用户全程提供免费的全屋家居定制服务,产品线从橱柜拓展至家具、家居产品、卫浴及五金配件等。2010年在政府支持下,大信的企业战略规划纳入工业文化旅游,建立河南省工业旅游示范基地"郑州大信家居工业4A级旅游景区",在国内家居定制企业中形成鲜明特色;2018年大信入选在中国国家博物馆展出的《伟大的变革——庆祝中国改革开放四十周年成就展》,是家居行业唯一入选企业;2019年获批工业与信息化部国家级工业设计中心。对大信发展脉络梳理,大信取得的荣誉包括:国家服务型制造业示范企业、国家级专精特新小巨人企业、国家智能制造试点示范企业和国家高新技术企业等。

大信家居在产品设计上不断创新，将中国传统文化与现代设计相结合，打造出具有独特魅力的家居产品（图7-6）。例如，大信家居推出的新中式家具系列，既保留了传统家具的韵味和美感，又融入了现代简约的设计理念，深受消费者喜爱。这种创新的设计理念不仅引领了家居潮流，也展示了中国智慧在现代家居设计中的独特魅力。大信家居推出的智能家居系统，可以通过手机App实现远程控制、语音控制等功能，让家居生活更加便捷、舒适。同时，大信家居还在智能家居领域不断探索和创新，推动家居行业的智能化发展。根据消费者的需求和喜好，量身定制个性化的家居产品。同时，大信家居还提供了一站式购物体验、专业的售后服务等，让消费者享受到更加便捷、贴心的服务。这种创新的服务模式不仅提升了消费者的购物体验，也增强了品牌的市场竞争力。

　　大信的家居产品之所以能够在国际家居行业的设计舞台上脱颖而出，得益于其深入理解和应用了中国智慧。通过融合中国传统文化与现代设计理念、运用先进技术提升家居体验以及创新服务模式等方式，大信家居不仅展示了中国智慧在现代家居行业中的独特魅力，也推动了家居行业的创新与发展。通过不断挖掘和传承中国传统文化元素、倡导智慧的生活方式以及推动科技创新等方式，大信家居为消费者提供了一个充满创意和活力的生活空间，让人们更好地感受到中国智慧在现代生活中的独特价值。

图 7-6　大信以生活行为参考设计的家居产品

参考文献:

［1］ Heskett, J. (2009). 设计的历史与哲学. 译林出版社.

［2］ Venturi, R. (2013). 传统与现代: 设计的文化基础. 机械工业出版社.

［3］ Wood, T. (2018). 设计思维: 整合创新、文化与智慧. 电子工业出版社.

［4］ 王受之. (2015). 文化传承与创新设计. 中国青年出版社.

［5］ 张贝贝. (2020). 探路工业互联网大信家居的数字化转型［J］, 软件和集成电路, 2020年第5期.

［6］ 董伶俐、李奥. (2022). 河南民营企业社会责任对消费者购买行为的影响——以郑州大信家居有限公司为例［J］, 商丘职业技术学院学报, 2022年第21期.

［7］ 诺曼, D. A. (2015). 产品故事: 打造触动人心的品牌传奇. 中信出版社.

［8］ 凯勒, K. L. (2018). 品牌形象与文化认同. 中国人民大学出版社.

［9］ 诺曼, D. A. (2012). 设计心理学: 情感化设计. 中信出版社.

［10］ 霍尔, E. T. (2017). 文化与品牌: 塑造全球市场的战略. 北京大学出版社.

［11］ 卢嘉豪、卢宇 (2023). 大信家居品牌传播分析［J］, 现代营销, 2023年第4期.

［12］ 张丹丹 (2022). 郑州大信家居公司工业旅游案例分析［D］, 郑州大学, 2022年.

［13］ 楼宇烈. (2017). 中国智慧: 传统文化与现代生活. 北京大学出版社.

［14］ 柳冠中. (2018). 生活行为与设计创新. 中国建筑工业出版社.

［15］ 陈来. (2019). 中国传统哲学与现代生活. 生活·读书·新知三联书店.

［16］ 杭间. (2020). 中国设计智慧: 从历史到现代. 山东美术出版社.

智能制造
——企业设计的创新

设计的博大的第三层含义是指中国企业不断坚持以国家级工业设计中心赋能企业创新内驱力，以实现工厂模式向企业模式、逆向研发向正向研发转化的伟大进程。大信坚持自主软件研发、全屋定制服务与用户数据库建立，并对设计流程进行"前置"，启动"易简"大规模、个性化、智能制造系统，促成大信利用工业互联网成为软硬件一体化的先进企业。

面向未来，人工智能与数字工业将持续性赋能企业实现设计创新，以大信为典例的中国众多企业正在实验性地打造设计园区与设计示范基地的融合凝聚，使企业成为研究设计和实践设计的登陆场。大信以网状思维模式、以模块化产品为基础，建立关系要素型、分布式生产模式，进而实现"从中国制造到中国智造"的战略转型。

在新的发展征程中，中国企业助力中国制造2025、构建中国工业5.0的实施路径是：构筑全产业链、全要素和全价值链，生产、技术与设计全匹配的产业模式，与世界其他国家的产业模式拉开层次，开启差异化竞争战略。

第八章　工业1.0至5.0的机遇洞察

INDUSTRY 1.0 TO 5.0 OPPORTUNITY INSIGHTS

8.1　工业1.0时期的制造开端

MANUFACTURING BEGINNINGS DURING INDUSTRY 1.0

工业1.0时期的企业制造开端可以追溯到18世纪末的英国,这是第一次工业革命的开始。这次革命的本质是通过水力和蒸汽机实现工厂机械化,机械生产逐渐代替了手工劳动。经济社会从以农业、手工业为基础,转型到以工业、机械制造带动经济发展的新模式。工业1.0时期的到来,标志着企业制造的开端,机械化生产改变了人类社会的生产方式和生活面貌。

在工业1.0时期,企业的制造开端不仅是技术进步的产物,更是组织和管理创新的体现。在这个时期,一些重要的发明和创新推动了企业制造的发展。工业1.0时期的企业制造开端,是以机械制造技术的革新为先导,推动了企业规模化和标准化的生产方式的形成。例如,1712年,英国人汤姆斯·纽可门获得了稍加改进的蒸汽机的专利权;1733年,凯伊·约翰发明了飞梭;1765年,詹姆士·哈格里夫斯珍妮发明了纺纱机;1769年,阿克莱特发明了水力纺机;同年,瓦特改良了蒸汽机;1778年,约瑟夫·勃拉姆发明了抽水马桶;1779年,克伦普敦发明了走锤纺骡机。这些发明和创新为企业制造提供了更高效、更精确的机械设备,使得企业能够大规模生产产品,提高了生产效率和产品质量(图8-1)。同时,这也标志着企业制造的开端,逐渐形成了机械制造时代的基础。

这种生产方式虽然比手工劳动更为高效,但仍然存在很多局限性,例如生产效率低、产品质量不稳定、工人劳动条件恶劣等。随着技术的不断进步和发展,企业制造逐渐进入了更高级别的工业革命阶段,不断推动着工业制造的发展和进步。在工业1.0时期,企业家精神和技术创新是推动企业制造发展的关键因素,它们共同塑造了现代企业的基本形态。

18世纪末的英国,正经历着由农业社会向工业社会的转型。当时的社会经济以农业和手工业为主,生产效率低下,市场供给无法满足日益增长的需求。随着商业的繁荣和市场的扩大,人们开始寻求更高效的生产方式,以满足不断增长

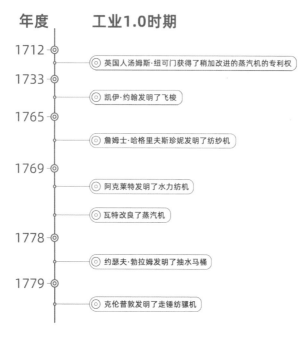

年度	工业1.0时期
1712	英国人汤姆斯·纽可门获得了稍加改进的蒸汽机的专利权
1733	凯伊·约翰发明了飞梭
1765	詹姆士·哈格里夫斯珍妮发明了纺纱机
1769	阿克莱特发明了水力纺机
	瓦特改良了蒸汽机
1778	约瑟夫·勃拉姆发明了抽水马桶
1779	克伦普敦发明了走锤纺骡机

图8-1 工业1.0时期的时间轴

的物质需求。其中,蒸汽机的发明和改进尤为关键,它为机械制造提供了强大的动力支持。此外,纺织机械、水力纺机等设备的发明,也为机械制造的发展提供了有力的技术支持。这些技术的出现,为企业制造的开端奠定了坚实的基础。

工业革命初期的机械设备不仅能够完成手工劳动所无法完成的复杂任务,还能够大幅提高生产效率和质量。机械化生产的出现,使得企业能够更快速地响应市场需求,满足人们的物质需求。后期工厂制度的出现,使得企业能够更加高效地组织和管理生产活动。在工厂内,机械设备和生产线能够协同工作,实现大规模生产。同时,工厂制度还促进了劳动分工和专业化生产的发展。通过劳动分工,工人能够专注于某一特定任务,从而提高生产效率和质量。这些规模庞大的企业不仅拥有先进的机械设备和生产线,还拥有完善的管理体系和销售渠道(图8-2)。企业的组织结构也逐渐由传统的家庭作坊式向现代企业管理模式转变,出现了更加专业化和规范化的管理体系。

第一,机械化生产。企业制造以机械化生产为主,通过机械设备和生产线实现大规模生产,生产效率大幅提高;第二,劳动分工和专业化生产。工厂制度促进了劳动分工和专业化生产的发展,工人能够专注于某一特定任务,提高生产效率和质量;第三,企业规模扩大与组织变革。企业规模逐渐扩大,组织结构

图8-2　工业1.0时期

第三部分　智能制造——企业设计的创新　173

由传统的家庭作坊式向现代企业管理模式转变,管理体系更加专业化和规范化;第四,生产效率提高与成本降低。机械化生产使得生产效率大幅提高,降低了生产成本,提高了产品质量和市场竞争力,推动了经济的发展和繁荣;第五,社会经济结构变革。企业制造的发展推动了社会经济的变革,促进了工业化进程和城市化的发展,使得社会经济结构发生了根本性的变化。

尽管工业1.0时期的企业制造带来了显著的生产效率提升和社会变革,但同时也面临着诸多挑战。当时的技术水平相对有限,机械设备的设计、制造和维护都需要高度的技术水平和专业知识。机械化生产的普及导致大量的工人失去了原有的手工劳动岗位,并导致社会上的失业问题加剧,同时也引发了工人阶级与资产阶级之间的矛盾和冲突。由于当时缺乏环境保护意识,机械化生产对环境造成了严重的污染和破坏。

8.2 工业2.0时期的企业制造发展

ENTERPRISE MANUFACTURING DEVELOPMENT IN THE AGE OF INDUSTRY 2.0

工业2.0时期,也被称为第二次工业革命,标志着人类从蒸汽时代迈向电气时代。工业2.0时期的到来,以电力的广泛应用为标志,企业制造发展迎来了新的篇章,自动化和电气化成为了制造业的主导力量。这一时期的出现,不仅带来了生产力的巨大飞跃,更改变了人们的生活方式和社会结构。企业制造在这一时期也经历了巨大的变革,电气化、自动化和大规模生产成为主流。工业2.0时期的企业制造发展,以大规模生产为特点,不仅提高了生产效率,也重塑了社会经济结构和权力关系。

工业2.0时期的社会经济背景主要表现为工业革命的进一步深化和电气化的普及。在这一时期,电气技术的快速发展和广泛应用为生产方式的变革提供了强大动力。社会分工进一步细化,城市化进程加速,人们的生活方式和社会结构发生了深刻变化。在工业2.0时期,企业制造发展的核心是自动化和标准化,这为企业带来了前所未有的生产效率和规模(图8-3)。

电力的广泛应用使得生产效率大幅提高,而自动化技术的初步发展则为后来的自动化生产奠定了基础。这些技术的出现和应用为企业制造的发展提供了有力支持。工业2.0时期的企业制造发展,不仅推动了生产技术的革新,也促使了企业管理理论和实践的快速发展自动化技术的普及,部分传统的手工劳动被机器取代,导致部分工人失业。电力作为主要的能源来源,其供应的稳定性和安全性对企业制造至关重要。

工业2.0时期,泰勒的科学管理理论成为企业管理的核心。泰勒主张通过对工人操作的研究和标准化,以及时间和动作的研究,来提高生产效率。这种管理方法使得企业能够更加精确地计算生产成本,优化生产流程,提高劳动生产率。传统的家庭作坊和手工业生产方式逐渐被大型工厂取代。工厂内部的管理也更为专业化和系统化,出现了专门的管理人员和部门,如生产经理、工程师、

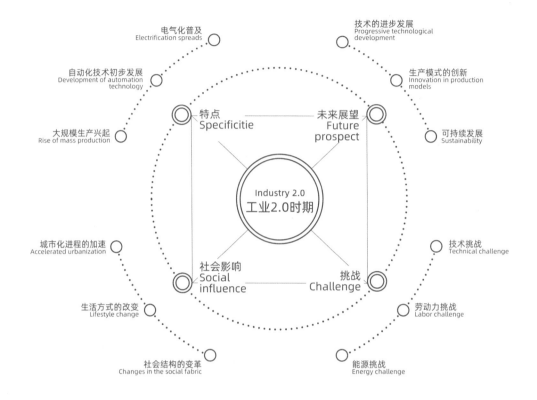

电气化普及
Electrification spreads

技术的进步发展
Progressive technological
development

自动化技术初步发展
Development of automation
technology

生产模式的创新
Innovation in production
models

大规模生产兴起
Rise of mass production

特点
Specificitie

未来展望
Future
prospect

可持续发展
Sustainability

Industry 2.0
工业2.0时期

城市化进程的加速
Accelerated urbanization

社会影响
Social
influence

挑战
Challenge

技术挑战
Technical challenge

生活方式的改变
Lifestyle change

劳动力挑战
Labor challenge

社会结构的变革
Changes in the social fabric

能源挑战
Energy challenge

图8-3　工业2.0时期的特点、未来展望、社会影响和挑战

质检员等。随着电气化和自动化技术的应用,部分工人面临失业的风险。这导致劳动关系紧张,工人罢工和抗议活动频繁。为了缓解这一矛盾,企业开始关注员工福利和工作条件,试图与工人建立更加和谐的劳动关系。

　　企业制造的发展推动了城市化进程的加速。随着大型工厂的建立和生产规模的扩大,越来越多的人从农村涌向城市,寻求更好的就业机会和生活条件。电气化和自动化技术的应用使得人们的生活方式发生了深刻变化。电力的普及使得家庭照明、交通、通信等方面都得到了改善。大规模生产的产品也使得人们的消费选择更加丰富。

企业制造的发展不仅改变了人们的生产方式和生活方式,还推动了社会结构的变革。工人阶级逐渐壮大,成为社会中不可忽视的力量。同时,随着生产力和生产关系的变革,社会的阶级结构也发生了变化。《工业革命与城市化》分析了工业革命如何促进了城市的快速发展和人口集中。尽管工业2.0时期已经实现了电气化和自动化技术的初步应用,但未来的技术发展仍有巨大的空间。随着科技的不断进步和创新,未来的企业制造将更加智能化、数字化和绿色化。通过引入柔性制造、智能制造等新型生产模式,满足市场的多样化需求。面对全球资源紧张和环境问题的日益严重,未来的企业制造需要更加注重可持续发展。通过推广绿色制造技术、实施循环经济等措施,实现经济效益和社会效益的双赢。

　　企业制造也经历了一系列技术方面的创新,这些创新极大地推动了生产效率和产品质量的提升(图8-4)。以下是这一时期的主要技术创新,第一,电气化技术。电气化技术是工业2.0时期最显著的技术创新之一。电力的广泛应用使得生产过程更加高效、清洁和灵活。企业开始使用电动机、电灯、电加热等电气设备替代传统的蒸汽动力,从而大幅提高了生产效率。第二,自动化技术。自动化技术在这一时期得到了初步发展。通过使用自动化设备和系统,企业能够实现生产过程的自动化控制,减少人工干预,提高生产效率和产品质量。例如,自动装配线、自动检测设备等的应用,使得生产过程更加精确和可靠。第三,新材料技术,新型材料如塑料、合金等开始被广泛应用于企业制造中。这些新材料具有更好的物理和化学性能,能够满足更复杂和严苛的生产需求,从而推动了产品创新和生产效率的提升。第四,通信技术。在工业2.0时期,通信技术也得到了显著发展。电话、电报等通信工具的普及使得企业能够更加快速地传递信息,加强生产管理和协调。此外,无线电技术的应用也为远程控制和生产自动化提供了可能。

这些技术创新相互交织、相互影响，共同推动了工业 2.0 时期企业制造的发展。Smith (1900) 在其著作《第二次工业革命与社会变革》中深入探讨了新技术如何推动社会进步和变革。电气化的普及、自动化技术的初步发展和大规模生产的兴起为企业制造带来了显著的生产效率提升和社会变革。然而，同时也面临着技术、劳动力和能源等多重挑战。展望未来，企业需要不断创新和改进，以适应不断变化的市场需求和社会环境。通过加强技术研发和创新、关注工人的转岗和再就业问题、加强能源管理和节能减排工作等措施，推动企业制造的持续发展和进步。同时，未来的企业制造也需要更加注重可持续发展和生产模式的创新，以满足社会的多样化需求和实现经济的可持续发展。它们不仅提高了生产效率，降低了生产成本，还改善了工作环境，提高了产品质量。

图8-4 工业2.0时期

8.3 工业3.0时期的企业制造转型

ENTERPRISE MANUFACTURING TRANSFORMATION IN THE AGE OF INDUSTRY 3.0

工业3.0时代是一个以信息技术和制造技术深度融合为特点的新时代。在这一时期,企业制造转型成为不可逆转的趋势。工业3.0时代,企业开始利用电子和信息技术实现生产自动化,为后续的数字化转型奠定了基础。因此,工业3.0也被称为信息化工业时代,是以信息技术、物联网、大数据、云计算等先进技术与制造技术深度融合为特点的时代。在这一时期,智能制造、工业互联网、个性化定制等新型制造模式逐渐兴起,推动了制造业的转型升级。此外,工业3.0时期,信息技术的广泛应用使得企业能够实现生产过程的数字化监控与管理,大大提高了制造效率和灵活性。

通过引入信息技术,企业可以实现对生产过程的实时监控、精准控制,提高生产效率和产品质量。智能制造是工业3.0的核心特征之一。通过引入人工智能、机器学习等先进技术,企业可以实现生产过程的自动化、智能化,提高生产效率和灵活性。同时,个性化定制成为制造业的新趋势。企业可以通过数据分析、用户画像等方式,深入了解消费者需求,实现个性化产品的快速生产和交付。

在工业3.0的背景下,企业开始意识到数据积累的重要性,并逐步建立起以数据为核心的生产管理系统,为迈向工业4.0奠定了基础。新技术的不断涌现要求企业不断更新设备、技术和人才,以适应新的制造模式。制造转型需要投入大量的资金、人力和时间,对于许多中小企业来说,这是一项巨大的挑战。智能制造、工业互联网等新型制造模式需要高水平的技术人才,但当前市场上这类人才供不应求。通过引入信息技术和智能制造技术,企业可以大幅提高生产效率和产品质量,降低生产成本。个性化定制等新型制造模式为企业提供了新的市场空间,有助于企业拓展业务领域。成功实现制造转型的企业将具备更强的竞争力,能够在激烈的市场竞争中脱颖而出。

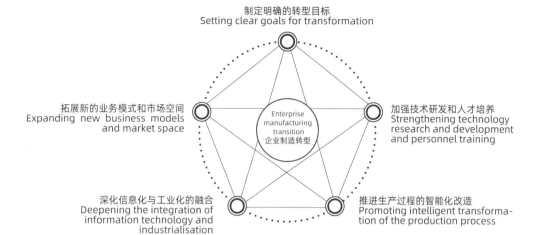

制定明确的转型目标
Setting clear goals for transformation

拓展新的业务模式和市场空间
Expanding new business models
and market space

Enterprise
manufacturing
transition
企业制造转型

加强技术研发和人才培养
Strengthening technology
research and development
and personnel training

深化信息化与工业化的融合
Deepening the integration of
information technology and
industrialisation

推进生产过程的智能化改造
Promoting intelligent transforma-
tion of the production process

图8-5　企业制造转型的五边形信息

企业应明确自身的转型目标,包括提高生产效率、降低生产成本、拓展新市场等(图8-5)。在此基础上,制订具体的转型计划和时间表。企业应加大在技术研发和人才培养方面的投入,掌握核心技术,培养高水平的技术人才。同时,企业要加强与高校、科研机构等的合作,共同推动技术创新和人才培养。企业应引入智能制造、工业互联网等先进技术,推进生产过程的智能化改造。通过引入自动化生产线、智能仓储系统等设备,实现生产过程的自动化、智能化,提高生产效率和产品质量。企业应深化信息化与工业化的融合,推动制造业与互联网的深度融合发展。通过引入大数据、云计算等先进技术,实现生产数据的实时采集、分析和应用,提高生产管理的智能化水平。企业应抓住个性化定制等新型制造模式带来的机遇,拓展新的业务模式和市场空间。通过深入了解消费者需求和市场趋势,开发符合消费者需求的个性化产品,拓展新的业务领域。

全球的制造业正经历着前所未有的变革。从工业1.0到工业2.0,再到当前的工业3.0时期,制造业的技术和模式都在不断升级和进化。工业3.0时期,以信息化和智能化为核心,为企业制造转型提供了广阔的空间和机遇(图8-6)。在这一背景下,研究企业如何在工业3.0时期进行制造转型,不仅有助于推动制造业的升级和发展,还能为传统制造业企业提供有益的参考和启示。工业3.0时期的主要特征可以概括为"信息化"和"智能化"。在这一时期,制造业企业开始广泛应用大数据、云计算、物联网等信息技术,实现生产过程的数字化和智能化。

大信家居积极引入大数据、云计算等信息技术,实现了生产过程的数字化管理。通过对生产数据的实时监控和分析,企业能够及时发现生产中的问题并进行调整,提高了生产效率和产品质量。这不仅降低了人工成本,还提高了生产效率和产品精度。借助信息化和智能化技术,大信家居推出了个性化定制服务,满足了消费者对于家居产品的个性化需求。消费者可以通过在线平台选择材料、颜色、尺寸等,定制属于自己的家居产品。

　　企业还进行了顶层设计,确保转型过程中的资源配置和组织协调。为了顺利实施转型,大信家居积极引进国内外先进的信息化和智能化技术,并加强人才培养和技术培训,确保员工具备转型所需的技能和知识。大信家居对生产流程进行了全面优化和再造,通过引入信息化和智能化技术,实现了生产过程的数字化和智能化管理,提高了生产效率和产品质量。在转型过程中,大信家居加强了市场营销和品牌建设,通过线上线下多渠道推广个性化定制服务,提高了品牌知名度和美誉度。通过引入信息化和智能化技术,大信家居的生产效率得到了大幅提升。与传统制造相比,智能制造的生产周期更短、成本更低、质量更稳定。智能化设备和机器人的应用,使得大信家居的产品质量得到了显著提升。产品精度更高、外观更美观、耐用性更强,赢得了消费者的广泛好评。通过推出个性化定制服务,大信家居成功满足了消费者的个性化需求。这不仅提高了消费者的满意度和忠诚度,还为企业带来了更多的市场机会和利润空间。通过制造转型和市场营销策略的调整,大信家居的品牌价值得到了显著提升。企业不仅在国内市场上取得了良好的业绩,还逐渐拓展到了国际市场。

　　工业4.0逐步临近,制造业将面临更加深刻的变革。对于大信家居而言,未来需要在以下几个方面继续努力:

　　第一,深化智能制造。继续引进和研发更先进的智能化设备和技术,提高

图8-6　工业3.0时期

生产效率和产品质量，降低成本，实现可持续发展。第二，拓展国际市场。在巩固国内市场的基础上，积极拓展国际市场，提升品牌的国际影响力。第三，加强人才培养和技术创新。加大对人才培养和技术创新的投入，培养一支高素质、高水平的技术团队，为企业的持续创新和发展提供有力支持。第四，对于其他传统制造业企业而言，也可以从大信家居的案例中汲取经验和启示，紧跟时代步伐，积极探索适合自己的制造转型路径和策略。在未来的制造业竞争中，只有不断创新、不断进步的企业才能立于不败之地。

在不断创新和进步的道路上，大信将迎来更加美好的未来。同时，其他传统制造业企业也可以从大信家居的案例中汲取经验和启示，积极探索适合自己的制造转型路径和策略。

8.4 工业4.0时期的企业制造革新

ENTERPRISE MANUFACTURING INNOVATION IN THE PERIOD OF INDUSTRY 4.0

工业4.0的到来,数字化和智能化成为制造业转型的核心驱动力。工业4.0的核心在于实现人、机、物的全面互联,构建高度灵活的个性化和数字化的产品与服务生产模式,以互联网为基础,通过大数据、云计算、物联网、人工智能等技术的融合应用,实现制造业的数字化、网络化、智能化转型。在这一背景下,数字产业化和产业数字化转型成为制造业的核心议题。其核心特征可以概括为"互联、信息、智能"。在这一阶段,制造业企业通过应用信息技术和智能化设备,实现生产过程的数字化和网络化,提高生产效率和灵活性,满足市场的个性化需求(图8-7)。

以西门子、特斯拉和宝马三家企业在工业4.0时期的制造革新实践为例。通过案例研究,阐述数字化和智能化如何助力企业提高生产效率、优化产品质量、实现个性化生产,以及如何通过数据驱动的管理和决策来增强企业的设计创新力。

西门子作为工业4.0的领军企业之一,其在数字产业化方面的实践尤为引人注目。西门子工厂通过引入数字化技术,实现了生产过程的全面数字化管理。这包括使用数字化工具进行产品设计、仿真和优化,通过物联网技术实现设备之间的互联互通,以及利用大数据和人工智能技术实现生产过程的实时监控和优化。这些技术的应用不仅提高了生产效率,还显著降低了能耗和废弃物排放,实现了可持续发展。通过深度融合数字技术和实体经济,西门子正助力全球企业实现工业4.0转型,打造智能、高效、可持续的生产模式。

特斯拉工厂不仅是电动汽车的生产基地,更是数字化和智能化制造技术的展示窗口,其创新的生产方式正在引领整个汽车行业的变革。特斯拉通过引入高度自动化的生产线和机器人技术,实现了生产过程的智能化和柔性化。同时,特斯拉还通过数字化技术将生产与销售紧密相连,实现从产品设计到生产、销售、服务的全流程数字化管理。这种数字化转型不仅提高了生产效率,还使得特斯拉能够快速响应市场变化,满足消费者的个性化需求。

图8-7 工业4.0时期

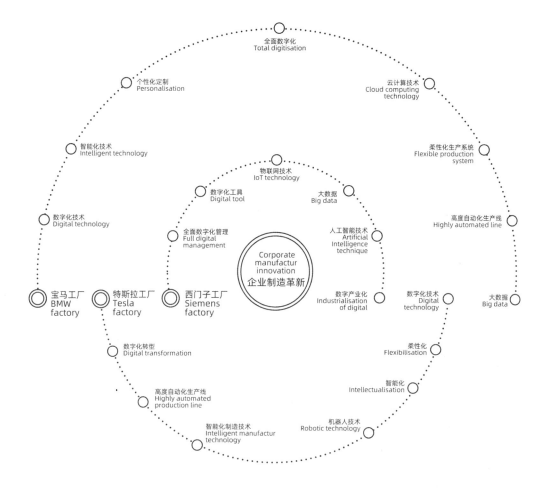

图8-8 工业4.0时期企业制造革新

　　宝马工厂利用数字化技术,实现了个性化定制生产的创新。消费者可以通过宝马的在线平台选择自己喜欢的车身颜色、内饰材料、配置等选项,然后宝马工厂根据消费者的个性化需求进行生产。通过引入高度自动化的生产线和柔性化的生产系统,宝马能够根据消费者的个性化需求快速调整生产流程,实现个性化产品的快速生产。这种个性化定制生产的模式不仅提高了消费者满意度,还为宝马开辟了新的市场机会。

　　在工业4.0时期,供应链管理也实现了数字化转型(图8-8)。许多企业利用大数据和物联网技术,实现了对供应链各个环节的实时监控和管理。通过收集和分析供应链数据,企业可以更加准确地预测市场需求、优化库存管理、提高物流效率等。这种数字化转型使得企业能够更加灵活地应对市场变化,提高供应链的可靠性和效率。

案例展示了工业4.0时期数字产业化和产业数字化转型在制造业中的实际应用和效果。这些技术的应用不仅提高了生产效率和产品质量,还实现了个性化生产和优化了供应链管理,为企业带来了巨大的竞争优势和市场机会。新技术的不断涌现,传统制造业需要不断跟进和更新技术,以保持竞争优势。工业4.0需要高素质的技术和管理人才,而当前市场上这方面的人才相对短缺。同时,工业4.0涉及大量的数据收集和分析,如何确保数据安全、遵守隐私保护法规是一个重要的问题。

　　实现工业4.0的数字化转型需要大量的资金投入,包括技术研发、设备更新、人才培训等方面。工业4.0不仅是技术的变革,还涉及企业的组织结构和文化的变革,需要企业具备开放、创新、协作的文化氛围。因此,工业4.0对传统制造业来说既带来了巨大的机遇,也带来了不小的挑战。企业需要抓住机遇,积极应对挑战,通过技术创新、人才培养、管理变革等措施,实现向工业4.0的转型升级。

8.5 工业5.0时期的企业制造升维

ENTERPRISE MANUFACTURING UPSCALING IN THE ERA OF INDUSTRY 5.0

第四次工业革命已经浪潮席卷全球,工业5.0时代已经悄然来临(图8-9)。这是一个以高度互联、智能化和个性化为特点的制造新时代。中国,作为世界的制造大国,正积极应对这一变革,提出了"中国制造2025"战略,旨在通过创新驱动、质量为先、绿色发展、结构优化和人才为本的基本方针,实现制造业由大变强的历史性跨越。中国制造2025不仅是一个制造业的发展规划,更是中国工业升维到工业5.0时代的战略蓝图,将智能制造作为核心驱动力,推动产业变革与升级。

工业5.0时代,企业制造将实现全面的数字化和网络化,各种设备和系统能够无缝对接,实现信息的实时共享和交互。通过引入人工智能、大数据等先进技术,实现制造的智能化决策和优化,提高生产效率和产品质量。消费者需求日益多样化,工业5.0时代的企业制造将能够更好地满足个性化需求,实现定制化生产。

"中国制造2025"战略明确了九大战略任务和重点,包括提高国家制造业创新能力、推进信息化与工业化深度融合、强化工业基础能力、加强质量品牌建设、全面推行绿色制造、大力推动重点领域突破发展、深入推进制造业结构调整、积极发展服务型制造和生产性服务业、提高制造业国际化发展水平。在工业5.0时代,中国制造业将通过深度融合新一代信息技术和先进制造技术,实现数字化、网络化、智能化制造,引领全球制造业的新一轮变革。其目标是到2025年,制造业大幅提升,创新能力显著增强,两化(工业化和信息化)融合迈上新台阶,重点行业领域技术装备达到国际先进水平,形成一批具有较强国际竞争力的跨国公司和产业集群,在全球产业分工和价值链中的地位明显提升。

工业5.0有着新的标准,企业需要加强研发投入,引入和培养高端人才,掌握核心技术和关键零部件的自主知识产权。推广智能工厂和数字化车间,实现

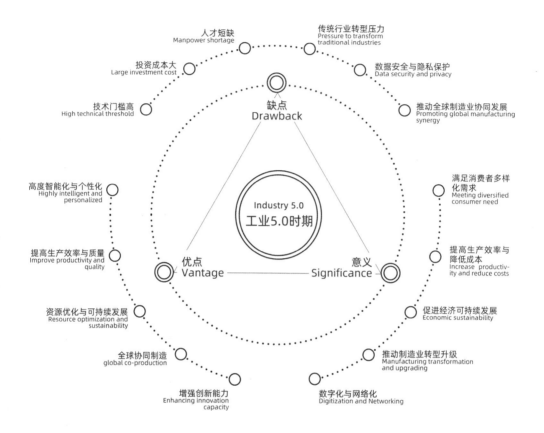

图8-9　工业5.0时期的优点、缺点和意义

生产过程的自动化、信息化和智能化。推行绿色生产和循环经济，减少环境污染，提高资源利用效率。利用大数据和云计算等技术，分析消费者需求，实现个性化产品的设计和生产。

在实施"中国制造2025"战略的过程中，企业面临着技术瓶颈、人才短缺、市场竞争等挑战。为此，需要采取以下对策：第一，加强产学研合作。与高校、科研机构等建立紧密的合作关系，共同开展技术研发和人才培养。第二，优化人才结构。通过引进和培养相结合的方式，建立一支高素质、专业化的技术和管理人才队伍。第三，拓展国际市场。积极参与国际竞争，提高产品的国际竞争力，拓展海外市场。

工业5.0时代的企业制造升维是中国制造业发展的必然趋势。通过实施"中国制造2025"战略,加强技术创新、智能制造、绿色制造和个性化定制等方面的努力,中国制造业将实现由大到强的历史性跨越。同时,企业需要保持敏锐的市场洞察力和持续的创新精神,不断推动制造业的转型升级,为实现制造强国的目标而不懈努力。

比较工业5.0的特征与差异,工业4.0主要集中在机器与机器之间的通信和自动化技术,使工厂更具生产效率。而工业5.0则更加注重人与机器的协作,工人将与机器人、AI和其他自动化设备一起工作,共同解决问题,制定策略,以及创造新的产品和服务。工业4.0已经能够支持一定程度的定制化生产,但工业5.0将这个概念提升到了一个新的层次。工业5.0强调个性化定制,各种传感器数据直接联通设计与生产,从而为用户实时提供个性化产品。同时,工业5.0不仅关注生产效率,还强调创新和可持续性,旨在通过创新技术来创造更加智能和个性化的产品和服务,同时注重减少对环境的影响,提高资源使用效率,并改善工作场所的安全性和员工的工作条件(图8-10将世界工业发展历程进行特征梳理)。

物联网、云计算和5G/6G通信技术的不断成熟,工业5.0将在全球范围内实现设备和系统更加紧密地连接和协作,以促进全球智能制造。工业5.0的概念在中国得到了特别的关注和发展。中国工业5.0的提出是基于中国工业发展的不同阶段作出的划分,旨在提高国内工业的核心竞争力,为中国在新一轮工业革命中占领先机。工业5.0相对于工业4.0而言,更加注重人与机器的协作、个性化定制、创新和可持续性,以及全球化和互联性。在中国,工业5.0更是被视为提高国内工业核心竞争力的重要战略。

世界工业发展历程
World industrial development

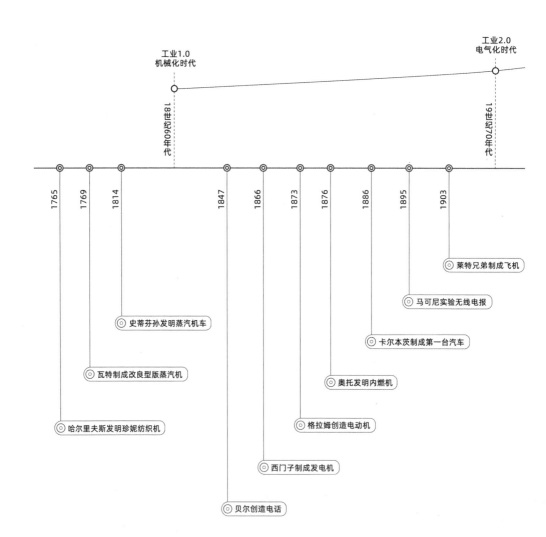

工业1.0
机械化时代

工业2.0
电气化时代

18世纪60年代

19世纪70年代

1765　1769　1814　　1847　1866　1873　1876　　1886　1895　1903

◎ 莱特兄弟制成飞机

◎ 马可尼实验无线电报

◎ 史蒂芬孙发明蒸汽机车

◎ 卡尔本茨制成第一台汽车

◎ 瓦特制成改良型版蒸汽机

◎ 奥托发明内燃机

◎ 哈尔里夫斯发明珍妮纺织机

◎ 格拉姆创造电动机

◎ 西门子制成发电机

◎ 贝尔创造电话

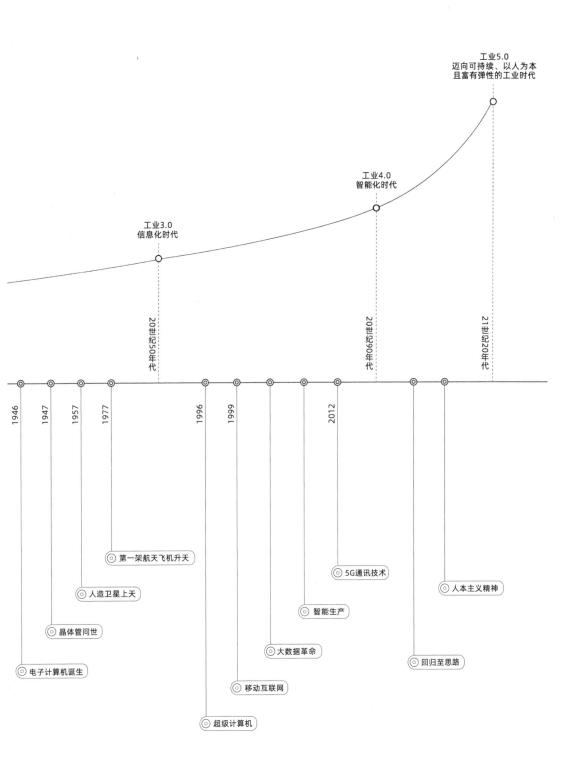

工业5.0
迈向可持续、以人为本
且富有弹性的工业时代

工业4.0
智能化时代

工业3.0
信息化时代

20世纪50年代

20世纪90年代

21世纪20年代

1946
1947
1957
1977
1996
1999
2012

◎ 第一架航天飞机升天

◎ 人造卫星上天

◎ 5G通讯技术

◎ 人本主义精神

◎ 晶体管问世

◎ 智能生产

◎ 电子计算机诞生

◎ 大数据革命

◎ 回归至思路

◎ 移动互联网

◎ 超级计算机

图8–10　世界工业发展历程图

首先,工业5.0的实现需要综合运用多种先进的技术手段和工具,这些技术和工具相互支持、协同工作,共同推动制造业向更智能、更高效、更灵活的方向发展。这种智能化不仅体现在生产流程的自动化和优化上,还体现在产品设计和制造上的高度个性化。其次,工业5.0能够满足个性化需求,实现定制化生产。通过机器学习和数据分析,工业5.0可以预测设备故障并进行预防性维护,减少生产中断。同时,智能化生产流程可以减少人为错误,提高生产效率和产品质量。通过物联网技术,可以实时监控生产过程中的能源消耗和排放情况,从而进行优化。其三,工业5.0还鼓励使用可再生材料和循环生产方式,减少对环境的影响。通过数字化技术和跨界合作,企业可以开发出更加智能、环保、高效的产品和服务,满足市场需求。通过云计算和大数据技术,企业可以实时了解全球供应链和生产能力情况,实现资源的优化配置和高效利用。

　　实现工业5.0需要面对一系列挑战。首先,掌握一系列先进技术,如人工智能、物联网、大数据等。这对于一些传统制造业企业来说,可能面临技术门槛过高的问题;其次,实现工业5.0需要大量的资金投入,包括技术研发、设备更新、人才培养等方面。这对于一些资金紧张的企业来说,可能构成较大的负担。其三,目前市场上这类人才相对短缺,企业需要加大人才培养和引进力度;最后,工业5.0对传统制造业的冲击较大,企业需要面临转型升级的压力。在这个过程中,一些企业可能面临市场份额下降、竞争力减弱等风险。

　　工业5.0虽然面临一些技术、成本、人才等方面的挑战,但其优点和意义不容忽视。通过克服挑战,充分发挥工业5.0的优势,有望推动制造业实现更加智能、高效、可持续的发展,为全球经济的繁荣和进步贡献力量(图8-11)。

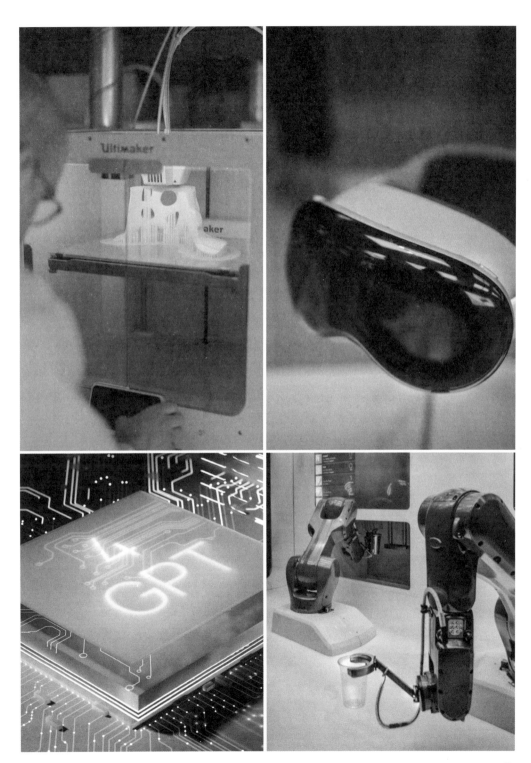

图8-11 工业5.0时期

参考文献:

[1] 李杰, 刘宗长, 王亚男. (2016). 中国制造2025: 产业变革与智能制造. 机械工业出版社.

[2] 王喜文. (2018). 工业5.0: 中国制造的未来之路. 机械工业出版社.

[3] 卢兰格, S. (2014). 工业革命: 变革世界的机器时代. 中信出版社.

[4] 钱德勒, A. D. (1977). 企业的起源与演变: 从工业革命到现代企业. 华夏出版社.

[5] 威廉姆斯, R. C. (2003). 机械制造与工业革命. 机械工业出版社.

[6] 索洛, R. M. (1987). 技术与企业: 工业革命中的创新与企业家精神. 牛津大学出版社.

[7] 蒂尔, J. (2008). 第二次工业革命: 电力技术的商业化. 剑桥大学出版社.

[8] 莫基尔, J. (1990). 大规模与权力: 工业社会的产生. 牛津大学出版社.

[9] 麦基里, P. (2013). 制造的未来: 工业2.0与第三次工业革命. 机械工业出版社.

[10] 钱德勒, A. D. (1977). 工业与组织: 从历史视角看管理变革. 华夏出版社.

[11] Siemens AG. (2017). The Fourth Industrial Revolution: How Siemens is leading the era of Industry 4.0. Siemens AG.

[12] 克劳斯·施瓦布. (2016). 工业4.0: 即将来袭的第四次工业革命. 中信出版社.

[13] 李杰, 倪军, 王安正. (2015). 智能制造: 未来工业模式和业态的颠覆与重构. 机械工业出版社.

[14] 张翼飞, 李晓林. (2018). 从工业3.0到工业4.0: 制造业的数字化转型与升级. 电子工业出版社.

第九章　紧随国家战略的数字转型

DIGITAL TRANSFORMATION IN LINE WITH NATIONAL STRATEGIES

9.1　大信集团数字化发展历程

DAXIN GROUP DIGITAL DEVELOPMENT HISTORY

　　企业数字化转型已成为企业适应数字经济、谋求生存发展的必然选择.企业数字化转型是基于数字化技术,重塑或创新企业的业务模式、制造模式和管理模式,以提高企业组织管理效能和业务运营效率,提升产品(或服务)质量和用户体验.家居企业的数字化转型,最主要的体现是家居产品的数字化设计与制造,其中数字化设计是通过数字化的手段来支持家居产品设计研发与生产制造全过程,进而快速满足用户的个性化需求.大信家居集团,作为国内家居行业的领军企业,其数字化发展历程归纳为以下几个阶段(图9-1).

　　1. 数字化起步:奠定基础(2010—2015年)

　　2010年,大信家居集团开始尝试将数字化技术引入企业管理与运营中。在这一阶段,大信家居主要完成了以下几项工作:第一,信息化系统建设。大信家居投入巨资,建立了覆盖全集团的信息化管理系统,包括ERP(企业资源规划)、CRM(客户关系管理)、SCM(供应链管理)等系统,实现了企业内部数据的整合与共享。第二,电子商务探索。互联网时代,大信家居开始尝试在线销售,建立了官方网站和在线商城,初步涉足电子商务领域。通过初步数字化建设,大信家居提升了内部管理效率,优化了供应链,同时也为后续的数字化转型奠定了坚实的基础。

　　2. 数字化加速:全面升级(2016—2020年)

　　进入21世纪第二个十年,大信家居集团的数字化进程明显加速。这一时期,大信家居在以下几个方面取得了显著进展:第一,智能制造。大信家居引进了先进的自动化生产线和智能化设备,实现了生产过程的自动化和智能化。据数据显示,智能制造的引入使生产效率提高了30%,同时降低了能耗和废弃物排放。第二,数字化营销。大信家居加强了对大数据和人工智能技术的应用,实现了精准营销。通过用户行为分析,大信家居能够更准确地把握消费者需求,提

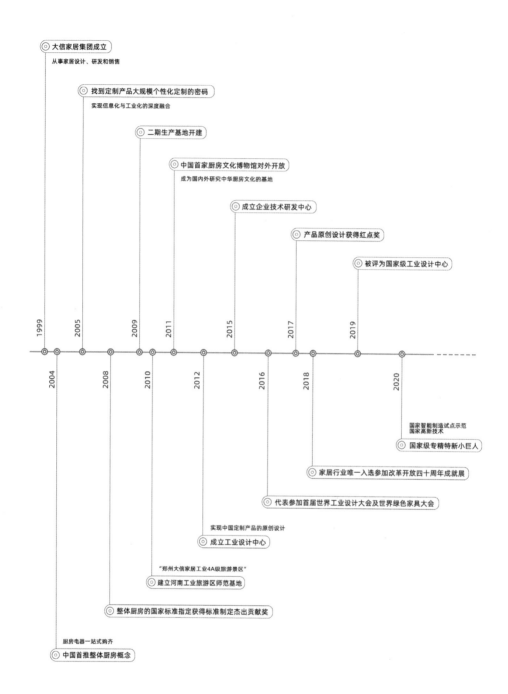

大信家居集团成立
从事家居设计、研发和销售

找到定制产品大规模个性化定制的密码
实现信息化与工业化的深度融合

二期生产基地开建

中国首家厨房文化博物馆对外开放
成为国内外研究中华厨房文化的基地

成立企业技术研发中心

产品原创设计获得红点奖

被评为国家级工业设计中心

1999
2004
2005
2008
2009
2010
2011
2012
2015
2016
2017
2018
2019
2020

国家智能制造试点示范
国家高新技术

国家级专精特新小巨人

家居行业唯一入选参加改革开放四十周年成就展

代表参加首届世界工业设计大会及世界绿色家具大会

实现中国定制产品的原创设计
成立工业设计中心

"郑州大信家居工业4A级旅游景区"
建立河南工业旅游区师范基地

整体厨房的国家标准指定获得标准制定杰出贡献奖

厨房电器一站式购齐
中国首推整体厨房概念

图9-1 大信集团发展历史节点

供个性化的产品和服务。第三,线上线下融合。大信家居推动了线上线下渠道的深度融合,实现了O2O(线上到线下)的商业模式创新。通过线上线下的互补优势,大信家居提升了用户体验,拓展了销售渠道。在数字化加速阶段,大信家居不仅提升了生产效率和营销效果,还通过线上线下融合拓展了销售渠道,进一步增强了市场竞争力。

3. 数字化创新:引领未来(2021年至今)

近年来,大信家居集团在数字化创新方面取得了更为显著的成果。以下是几个方面的突出表现:第一,智能家居研发。大信家居紧跟智能家居发展趋势,加大了对智能家居产品的研发力度。通过引入物联网、人工智能等先进技术,大信家居推出了一系列智能家居产品,为用户提供了更加便捷、智能的家居体验。第二,数字化转型战略。大信家居制定了全面的数字化转型战略,明确了数字化转型的目标、路径和措施。通过数字化转型战略的引领,大信家居在数字化道路上走得更加坚定和有力。第三,数字化人才培养。大信家居重视数字化人才的培养和引进,通过建立完善的培训机制和激励机制,吸引了大量数字化人才加入。这些人才为大信家居的数字化转型提供了强有力的智力支持。

在数字化创新阶段,大信家居不仅推动了智能家居的发展,还通过制定数字化转型战略和培养数字化人才,为企业的未来发展奠定了坚实的基础。同时,大信家居的数字化转型也为整个家居行业的转型升级提供了有益的借鉴和启示。回顾大信家居集团的数字化发展历程,可以看到其在数字化转型道路上所取得的显著成果和收获。通过数字化建设和管理效率的提升,大信家居优化了供应链和销售渠道;通过数字化营销和线上线下融合,大信家居增强了市场竞争力;通过数字化创新和人才培养,大信家居引领了未来发展趋势。

大信家居集团的数字化发展历程不仅是一部企业转型的缩影,也是整个家

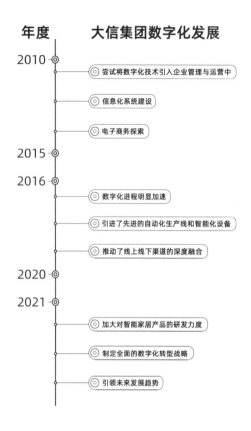

年度　　　**大信集团数字化发展**

2010
　　尝试将数字化技术引入企业管理与运营中

　　信息化系统建设

　　电子商务探索

2015

2016
　　数字化进程明显加速

　　引进了先进的自动化生产线和智能化设备

　　推动了线上线下渠道的深度融合

2020

2021
　　加大对智能家居产品的研发力度

　　制定全面的数字化转型战略

　　引领未来发展趋势

图9-2　大信集团数字化发展历史节点

居行业数字化转型的生动写照（图9-2）。其成功经验和做法对于其他行业和企业也具有重要的借鉴意义。

第一，数字化挑战与应对策略。在数字化转型的道路上，大信也面临着一系列挑战。这些挑战既包括技术层面的难题，也涉及组织架构、企业文化等方面的变革。然而，大信家居始终保持着敏锐的洞察力和坚定的决心，积极应对这些挑战。（1）技术更新与迭代。大信家居需要不断更新和迭代自身的技术系统，以保持与时俱进。为此，大信加大了对技术研发的投入，与国内外先进的科技企业合作，共同推进技术创新和应用。（2）组织架构调整。数字化转型需要企业具备更加灵活和高效的组织架构。大信家居在转型过程中，对组织架构进行了优化和调整，建立了更加扁平化、高效的管理体系，提高了决策效率和执行力。（3）企业文化重塑。数字化转型不仅是一场技术革命，更是一场文化变革。大信家居在转型过程中，注重培育数字化文化，倡导开放、创新、协作的价值观，激发员工的创造力和积极性。通过积极应对挑战，大信家居不仅成功克服了困难，还进一步提升了自身的竞争力和适应能力。这些经验对于其他企业而言具有重要的借鉴意义,可以帮助它们在数字化转型的道路上更加稳健地前行。

第二,数字化转型的启示与展望。首先,数字化转型是企业持续发展的必然选择,只有紧跟时代步伐,才能保持竞争优势。其次,数字化转型需要全面规划、分步实施,确保转型过程的平稳过渡。最后,数字化转型需要全员参与、上下一心,形成强大的转型合力。通过数字化转型,大信家居不仅提升了自身实力和市场地位,更为整个家居行业树立了标杆和榜样。在未来的数字化浪潮中,大信家居将继续保持领先地位,引领家居行业迈向更加美好的未来。

第三,数字化转型对行业的深远影响。大信的数字化转型不仅改变了企业自身的命运,更对整个家居行业产生了深远的影响。其成功经验为其他家居企业提供了宝贵的参考,推动了整个行业的转型升级。(1)行业标准的提升。大信家居在数字化转型过程中的创新实践,为家居行业树立了新的标准。其他企业纷纷效仿,推动了行业整体的技术进步和管理水平的提升。(2)消费者体验的优化。通过数字化手段,大信家居为消费者提供了更加个性化、便捷的服务体验。这一变革不仅赢得了消费者的青睐,也推动了整个行业在服务质量和消费者体验方面的提升。(3)产业链的整合与优化。大信家居的数字化转型促进了产业链上下游企业的紧密合作与资源整合,实现了更高效、协同的产业运作。这有助于提升整个家居行业的竞争力和可持续发展能力。

第四,持续创新开启数字化转型的新征程。面对未来,大信将继续坚持创新驱动的发展战略,不断探索数字化转型的新路径和新模式。(1)深化技术应用。大信家居将继续加大在人工智能、大数据、物联网等前沿技术领域的投入,推动技术创新与应用场景的深度融合,为消费者带来更加智能、便捷的家居体验。(2)拓展业务领域。在巩固家居领域领先地位的基础上,大信将积极拓展新业务领域,如智慧社区、智能家居生态圈等,打造更加丰富的数字化产品和服务体系。(3)加强国际合作与交流。大信家居将积极参与国际竞争与合作,与国际知名企业和研究机构开展深入合作与交流,共同推动家居行业的数字化转型升级和全球发展。

第五,数字化转型的社会价值。大信的数字化转型不仅提升了企业的竞争力,还产生了深远的社会价值。在数字化转型的过程中,大信家居积极履行社会责任,为推动社会进步和发展做出了积极贡献。促进就业与人才培养:随着数字化转型的深入,大信家居在智能家居、大数据、物联网等领域创造了大量新的就业机会,为社会提供了更多就业岗位。同时,大信家居注重人才培养,通过校企合作、内部培训等方式,为行业培养了大量数字化人才,为社会的可持续发展提供了人才支持。推动绿色发展与环保:大信家居在数字化转型过程中,注重绿色发展和环保理念。通过引入智能化生产线和环保材料,大信家居降低了生产过程中的能耗和废弃物排放,推动了家居行业的绿色转型。此外,大信家居还积极参与环保公益活动,倡导绿色消费,为社会的绿色发展做出了贡献。通过智能家居系统,大信家居为消费者提供了更加便捷、舒适、安全的居住环境,提高了人们的生活质量。同时,大信家居还积极参与社会公益事业,为弱势群体提供帮助和支持,展现了企业的社会担当。

第六,数字化转型的未来展望。在未来的发展道路上,大信家居将面临新的机遇和挑战,但也将迎来更加广阔的发展空间和更加美好的未来。5G、人工智能、物联网等技术的快速发展,大信家居将不断拓展业务领域,创新产品和服务,为消费者提供更加智能、个性化的家居体验。在未来的发展道路上,大信家居将秉持创新驱动的发展理念,不断探索数字化转型的新路径和新模式,为行业的未来发展贡献更多的智慧和力量。

9.2　国家级工业设计中心建设

CONSTRUCTION OF NATIONAL INDUSTRIAL DESIGN CENTERS

在推动工业设计发展进程中,尤为重要的工作就是开展国家级工业设计中心的评定工作。从2013年开始国家工业和信息化部每两年认定一批国家级工业设计中心。截止到2023年,工业和信息化部共认定了六批共计415家国家级工业设计中心。其中,由制造业企业等单位设立并主要为本单位提供工业设计服务的企业工业设计中心有377家,面向市场需求提供工业设计服务的工业设计企业有38家。从地域分布来看,山东、广东、浙江、福建、江苏等地国家级工业设计中心数量较多,这与省市的制造业发展水平成正相关。作为国内家居行业的领军企业,大信家居集团深刻认识到工业设计的重要性,并积极响应国家号召,致力于建设国家级工业设计中心,并于第三批国家级工业设计中心评定中获评。对于企业而言,工业设计中心不仅是创新的源泉,更是产业转型升级的重要支撑,其建设与发展对于提升国家整体工业竞争力具有重要意义。

工业设计中心是企业创新链的起点、价值链的源头,更是推动工业转型升级的重要引擎。建设国家级工业设计中心,不仅有助于提升我国工业设计整体水平,还能推动产业创新发展,增强国际竞争力。建设国家级工业设计中心的基本路径是通过市级、省级评估,最后获批国家级。中国各省入选省级工业设计中心的数量则高达3700多家,截至2021年,省级工业设计中心总量排在前十的省份分别是:安徽省省级工业设计中心470家,江苏省省级工业设计中心425家,山东省省级工业设计中心340家,广东省省级工业设计中心335家,浙江省省级工业设计中心333家,甘肃省省级工业设计中心126家,湖北省省级工业设计中心117家,河北省省级工业设计中心113家,重庆市市级工业设计中心101家,福建省省级工业设计中心91家。

对于大信而言,国家级工业设计中心的建设,不仅是企业创新发展的内在需求,更是对社会责任的积极担当(图9-3)。国家级工业设计中心的建立,不仅

图9-3　大信集团国家级工业设计中心

标志着我国工业设计进入了一个新的发展阶段，更是国家创新战略和工业强国战略的重要组成部分。大信家居国家级工业设计中心的建设历程可以分为三个阶段：规划与筹备阶段、建设与发展阶段以及成果与提升阶段。在每个阶段，大信家居都明确了具体的目标和任务，并逐步推进各项工作。通过不断的努力和创新，中心逐渐成为大信家居创新发展的重要支撑。

第一，大信家居国家级工业设计中心自成立以来，已经推出了多个设计新颖、功能实用的家居产品系列。这些产品不仅在国内市场上取得了良好的销售业绩，还多次获得国内外设计大奖的肯定。例如，为了满足现代消费者对智能家居的需求，大信家居国家级工业设计中心设计推出了"智慧卧室"系列产品。该系列产品将传统家居与智能科技相结合，实现了远程控制、自动调节、数据分析等功能，为消费者提供了更加便捷、舒适的居住体验。该设计在市场上获得了广泛认可，成为大信家居的一部大作。近年来，环保理念的深入人心，大信国家级工业设计中心积极响应号召，设计推出了"环保家居"系列产品。该系列产品采用环保材料制作，注重节能减排和资源循环利用，体现了企业对环保事业的关注和承诺。该系列产品的推出，不仅赢得了消费者的青睐，也为企业树立了良好的社会形象。

第二，大信国家级工业设计中心拥有一支高素质、专业化的设计团队，团队成员具备丰富的设计经验和创新能力。同时，中心还引入了先进的设计工具和方法，提高了设计效率和质量。这些能力为大信在产品创新方面提供了强大的支持。中心的建设有力推动了家居行业的产业升级与发展。通过创新设计，企业提升了产品的附加值和市场竞争力，推动了整个行业的转型升级。同时，设计中心的建设还促进了产业链上下游企业的合作与交流，形成了良好的产业生态。此外，中心还成为国内外设计人才交流和合作的平台，为行业的可持续发展提供

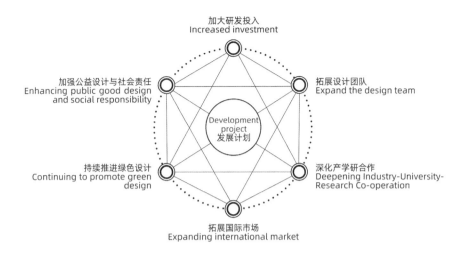

图9-4　国家级工业设计中心的发展计划

了人才保障。未来，随着科技的不断进步和消费需求的持续升级，大信家居将继续深化工业设计中心的建设与发展，不断提升设计创新能力和成果转化效率，为消费者提供更加优质、个性化的家居产品。

　　大信家居国家级工业设计中心的建设历程充满了挑战与机遇。通过不断的努力和创新，中心已经成为大信家居创新发展的重要支撑。实践证明中心在产品设计、创新能力、品牌影响力等方面的卓越成果（图9-4）。这些成果不仅为大信家居带来了经济效益，还提升了整个家居行业的设计水平和竞争力。面向未来，大信将继续深化工业设计中心的建设与发展，以卓越的设计能力和创新成果推动家居行业的转型升级，为全球消费者创造更加美好、智能、环保的居住体验。

9.3 国家服务型制造示范机制

NATIONAL SERVICE MANUFACTURING DEMONSTRATION MECHANISM

　　服务型制造是制造与服务融合发展的新业态。近年来,国家工信部不断推动城市"制造+服务"融合模式,加大政策引导力度,立足制造业企业发展重点需求和重点领域。"未来10年,将是中国制造业实现由大到强的关键时刻,是真正实现由'中国制造'向'中国创造'提升的重要时期,而以工业设计促成的服务型制造示范城市所涵盖的相关企业是城市更新发力的重要手段。"工信部原中小企业司副司长王建翔认为。截至目前,工信部已经分批次选出多个服务型制造示范城市(工业设计特色类),这些城市以工业设计赋能城市发展;帮助中高端产业打造工业价值链;提升企业的市场核心竞争力。以杭州为例,根据《2020年浙江省制造业高质量发展评估报告》显示,杭州市制造业高质量发展指数为91.3,连续两年排名全省第一。同时,现代服务业支撑作用日益加强,2020年杭州第三产业实现增加值10959亿元,对GDP增长贡献率为79.4%。

　　服务型制造是制造业与服务业融合发展的新型产业形态,它通过整合制造资源和服务资源,为客户提供全方位的产品服务系统。大信作为国家服务型制造示范企业,积极探索服务型制造的发展路径,通过整合产业链资源、创新服务模式、提升服务品质,实现了从传统制造业向服务型制造的华丽转身。服务型制造示范企业的建设,对于推动制造业转型升级、提升产业价值链具有重要意义。国家服务型制造示范机制通过政策引导、示范推广和市场化运作,有效促进了制造业与服务业的深度融合,提升了我国制造业的服务化水平。

　　大信将产品与服务紧密结合,提供从设计、生产、销售到安装、维修等一站式服务。通过整合产业链上下游资源,实现产品与服务的无缝对接,满足消费者多样化的需求。同时,大信家居注重产品的个性化定制,根据消费者的喜好和需求提供定制化的家居解决方案。大信家居集团积极拥抱数字化技术,打造数字化服务平台。通过大数据、云计算等先进技术,实现对消费者需求的精准把握和

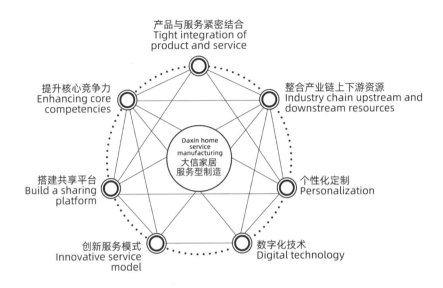

产品与服务紧密结合
Tight integration of
product and service

整合产业链上下游资源
Industry chain upstream and
downstream resources

提升核心竞争力
Enhancing core
competencies

Daxin home
service
manufacturing
大信家居
服务型制造

个性化定制
Personalization

搭建共享平台
Build a sharing
platform

创新服务模式
Innovative service
model

数字化技术
Digital technology

图9-5　大信家居服务型制造

快速响应。数字化服务平台不仅提高了服务效率和质量,还为消费者提供了更加便捷、个性化的服务体验。大信不断探索创新服务模式,如共享经济、平台经济等。通过搭建共享平台,实现资源的优化配置和高效利用。同时,大信还尝试将设计、生产等服务环节外包给专业机构,专注于核心竞争力的提升。

首先,大信建立了完善的服务型制造组织架构和管理体系。通过设立专门的服务部门和服务团队,明确服务职责和流程,确保服务质量和效率。其次,大信家居还建立了完善的服务标准和规范,为服务提供统一的标准和依据。其三,大信家居集团注重创新驱动和人才培养。其四,通过加大研发投入,引进先进技术和设备,推动产品创新和服务创新。大信家居集团积极推动产业链协同和资源整合。其五,通过与上下游企业建立紧密的合作关系,实现资源共享和优势互补。其六,大信家居还注重跨界合作和创新,不断拓展服务领域和边界。其七,大信家居集团注重服务品质的提升和客户关系的管理。通过建立完善的客户服务体系,提供全方位、多层次的服务支持。最后,大信家居还注重客户需求的挖掘和满足,不断提升客户满意度和忠诚度。

引入物联网、大数据、人工智能等先进技术,大信正致力于打造智能化的家居服务平台(图9-5)。该平台能够实现智能家居产品的远程控制、故障诊断、自动维护等功能,为消费者提供更加便捷、智能的服务体验。数字化升级不仅提高了大信家居集团的服务效率和质量,还为企业带来了新的商业模式和盈利点。通过收集和分析消费者使用数据,大信能够更精准地把握消费者需求,推出更符合市场需求的产品和服务。大信的服务型制造示范机制为家居行业乃至整个制造业的服务化转型提供了有益的借鉴和参考。通过深化服务型制造实践、推动数字化升级、拓展个性化定制服务、注重绿色环保与可持续发展以及全球布局与国际合作等举措,大信正努力打造具有国际竞争力的服务型制造企业。

展望未来,大信将继续坚持创新驱动、质量为本、绿色发展的理念,推动服务型制造的深入发展和持续创新。同时,大信家居集团应继续深化服务型制造实践、强化创新驱动、加强人才培养与团队建设、拓展国际市场、履行社会责任等举措,推动企业的持续健康发展和行业的繁荣进步。

9.4 专精特新"小巨人"目标

TARGETS FOR "SMALL GIANTS" OF SPECIALIZATION AND INNOVATION

专精特新"小巨人"是指业绩良好,发展潜力和培育价值处于成长初期的专精特新小企业。这些企业通过培育推动其健康成长,最终成为行业中或本区域的"巨人"。它们专注于细分市场、创新能力强、市场占有率高、掌握关键核心技术、质量效益优的排头兵企业。不仅是企业发展的重要力量,更是推动中国经济转型升级的关键所在。专精特新"小巨人"的认定需要满足一定的条件,包括在中华人民共和国境内工商注册登记、连续经营3年以上、具有独立法人资格、符合《中小企业划型标准规定》的中小企业,且属于省级中小企业主管部门认定或重点培育的专精特新中小企业或其他创新能力强、市场竞争优势突出的中小企业。此外,这些企业还需要在市场、质量、效益或发展等方面处于同行业领先水平,具备先进性和示范性。

专精特新"小巨人"企业凭借技术创新、管理创新和市场创新,成为推动中国经济高质量发展的新引擎。它们能够提升产业链供应链稳定性和竞争力,促进中小企业创新发展,提高经济发展质量和效益。因此,政府和社会各界都在积极推动企业的培育和发展,为它们提供更好的政策支持和市场环境。中央财政在2021年至2025年期间累计安排了100亿元以上的奖补资金,用于支持1000余家国家级专精特新"小巨人"企业的高质量发展。这些资金主要用于引导地方完善扶持政策和公共服务体系,促进企业发挥示范作用,并通过支持中小企业公共服务示范平台强化服务水平,带动更多中小企业成长为国家级专精特新"小巨人"企业。

首先,各地政府也出台了相应的财政支持政策,例如,给予专精特新企业一次性奖补、创新券、专项资金、项目补贴等。其次,政府通过强化梯度培育、加强政策支持、开展精准服务、优化发展环境等方式来支持。例如,政府深入开展中小企业"双创",不断孵化创新型中小企业,加大省级"专精特新"中小企业培育力度。其三,政府还建立了部门协同配合、共同推动的工作机制,推动技术、人才、数据等要素资源向"专精特新"企业集聚。

各地政府根据实际情况制定了具体的实施方案和细则,明确了政策的具体内容、申请条件、审核流程等,确保政策能够落地生效。同时,政府还加强了政策的宣传和推广,让更多的企业了解政策、享受政策。政府在财政、税收、金融等方面给予了专精特新"小巨人"企业大力支持。具体扶持政策包括:第一,资金扶持。政府为专精特新"小巨人"企业提供一次性奖补,金额在20万—100万之间,具体金额根据各地方的具体政策而定。对于已被认定为国家专精特新小巨人企业,还有额外的奖励,如600万元每家,每年200万元。第二,荣誉资质。政府为这些企业颁发专精特新、"小巨人"企业证书,提升企业的知名度和影响力。第三,政策帮助。政府针对企业发展中遇到的困难,提供"一企一策"的帮助,包括财政专项资金、税收优惠、企业知识产权保护、技术创新支持、市场开拓扶持、融资增信等。第四,政策扶持。在融资服务、技术服务、创新驱动、转型升级、专题培训等方面,政府都提供了重点扶持。第五,企业人才培养。政府提供专门的校园、社会招聘渠道,以及人才培训优惠,帮助企业吸引和留住人才。第六,帮助企业推广。政府通过提高企业资质荣誉、提高企业品牌和产品推广等方式,帮助企业提升市场竞争力。

大信的专精特新"小巨人"目标可以从以下几个方面来解读:第一,技术创新与研发。大信家居致力于在家居领域进行技术创新和研发,通过不断引入新技术、新材料和新工艺,提升产品的品质和竞争力。专精特新"小巨人"的目标将推动大信家居加大在研发方面的投入,不断推出具有自主知识产权和核心竞争力的新产品。第二,市场拓展与品牌建设。大信家居将专注于细分市场,通过深耕细作和精准营销,提高市场占有率。同时,加强品牌建设和推广,提升品牌

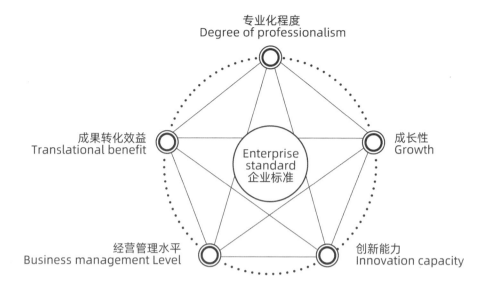

专业化程度
Degree of professionalism

成果转化效益
Translational benefit

Enterprise
standard
企业标准

成长性
Growth

经营管理水平
Business management Level

创新能力
Innovation capacity

图9-6　大信的专精特新"小巨人"企业发展标准

知名度和美誉度,树立企业在行业内的领先地位。第三,产业链整合与优化。大信将积极与上下游企业合作,整合产业链资源,形成优势互补、协同发展的产业生态。通过优化供应链管理、降低成本、提高效率等方式,实现产业链的升级和优化。第四,国际化发展与战略布局。大信将积极开拓国际市场,推动产品出口和海外市场的拓展。通过与国际知名品牌的合作和引进国际先进技术和管理经验,提升企业的国际化水平和竞争力。

综上所述,大信的专精特新"小巨人"目标是通过技术创新、市场拓展、产业链整合和国际化发展等手段,推动企业实现高质量发展,成为家居领域的领军企业。大信作为专精特新"小巨人"企业的标准主要包括以下几个方面(图9-6):第一,专业化程度。企业在其主营业务领域应具有较强的技术创新能力和市场竞争力,专业化程度较高。这意味着大信家居需要在家居领域具备深厚的专业知识和技术积累,能够持续推出创新的产品和解决方案。第二,成长性。企业近两年营业收入和利润年均增长率应达到一定水平,且年均研发投入占营业收入比重不低于一定比例。这要求大信在保持稳健经营的同时,注重研发投入,不断推动技术创新和产品升级。第三,创新能力。企业需要拥有自主知识产权或专有技术,创新能力较强。对于大信而言,这意味着不断在材料、设计、工艺等方面进行创新,提升产品的附加值和竞争力。第四,经营管理水平。企业管理应规范,信用记录良好,具有优秀的企业领导团队和高效的管理机制。大信家居需要建立健全的内部控制制度,确保企业运营的稳健和高效。第五,成果转化效益。企业应具有较强的成果转化能力,研究开发成果应获得省部级以上奖励或取得显著的经济效益和社会效益。这要求大信能够将研发成果有效转化为实际产品,并在市场上取得成功。

需要注意的是,以上标准是一般性的参考,具体的专精特新"小巨人"企业认定标准可能会因地区、行业和政策等因素而有所不同。需要密切关注相关政策和标准的变化,并不断提升自身的综合实力以符合相关要求。企业还需要根据自身实际情况和市场需求,制定合理的发展战略和规划,不断调整和优化自身的发展路径。

9.5 企业设计创造力中心发展

CORPORATE DESIGN CREATIVITY CENTER DEVELOPMENT

　　企业设计创造力中心的发展是推动企业创新能力和市场竞争力提升的关键。设计创造力不仅仅是关于外观,更是关于解决问题和创造新的可能性。设计创造力是一种思考方式,鼓励挑战现状,探索新的解决方案,并始终以用户为中心。设计创造力是一种可以学习和培养的技能,能够洞察问题的本质,并创造出独特而有效的解决方案。同时,设计创造力中心的核心使命应当与企业的整体战略相契合。它不仅仅是一个设计部门,更是推动企业创新、提升产品竞争力、增强用户体验的关键部门。因此,明确设计创造力中心的核心使命,如"引领企业创新设计,提升用户体验和产品竞争力"。通过深入了解行业动态、竞争对手情况、用户反馈等信息,设计创造力中心可以更加准确地把握市场趋势,为企业的产品设计和服务提供有力的支持。

　　大信注重企业的信息化与智能化建设,坚持生产技术、制图软件和产品设计的自主研发能力。依据《中华人民共和国国民经济和社会发展第十四个五年规划和2035年远景目标纲要》中的建议,现代企业将智能和信息作为关键生产要素提升和经济结构优化、以万物互联为载体推动系列经济活动。以此为目标发力,如今大信的国家级工业设计中心已经成为企业的家居科学实验室,融合现代生活方式的研究,依托智能制造车间与云计算中心提供的信息网络与智造技术,形成了以工业设计赋能的创造力园区,最终打造出"大规模个性化定制家居系统"。庞总相信:"未来企业的创造力园区将集合设计创新、文化展览、科研创新、寓教于乐和家居定制等功能的现代文化创意综合体。大信充分发挥房型数据库和场景模数组合优势,促进数字信息技术与实体产业深度融合,赋能传统家居产业转型升级。"

　　第一,大信发展以工业设计为核心的企业设计创造力中心,经过对信息化、数字化和智能化的不断探索,自主研发"易简"系统,实现家居产业的系统升级。庞总介绍："'易简'系统将国际平均家居产品用材率提升至94%（原有76%），产品的平均交货周期控制在1至4天（原有30天至45天），对标行业标准将综合生产成本降低50%，产品生产出错率控制在0.3%之内（原有6%至8%），逐步实现规模化、精准化和智能化生产，同时也实现了企业产品零库存。"大信的智能转型开启家居自动化制造趋势，促进家居产业向中高端制造业升级，也成为打造国际竞争力的有效途径。

第二，大信自主研发的"鸿逸"工业制图软件，由此创造的大信五维工业制程系统，实现家居效果图对接数字制造流程，智能分拣对接规模化与个性化家具产品定制。大信致力于自主研发建设工业软件平台，2019年获批工业和信息化部"制造业与互联网融合发展试点示范项目。"同时，以浪潮云 In-Cloud 工业互联网平台为技术支撑，大信通过 ERP 系统、生产设备与能耗系统的集成互联，实现用户共创、产品创新、信息架构与生产装备之间的数据互联互通，逐步完善细节管控并提高生产效率。此外，大信对生产数据实时采集，对生产过程实施动态监控，通过云端数据掌握生产设备的使用率、故障率和消耗率等情况，最终实现智能化与信息化生产的高效协同与快速决策。

设计创造力中心需要与企业的研发、市场、销售等部门建立有效的协作机制（图9-7）。通过定期的沟通会议、项目合作等方式，确保设计部门能够及时了解其他部门的需求和反馈，同时，也能够将设计理念和成果有效地传达给相关部门。设计创造力中心还需要善于整合企业内部的各种资源，包括技术资源、人力资源、物资资源等。通过与相关部门的合作，设计创造力中心可以更加高效地利用这些资源，推动设计项目的顺利实施。

设计创造力中心需要建立一套完善的人才培养体系，包括内部培训、外部培训、实践锻炼等方式。通过定期的培训和实践，提升设计团队的专业技能和创

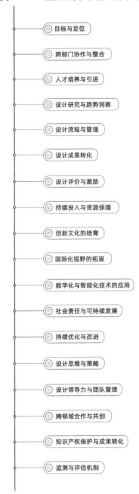

建议　　企业设计创造力中心发展

- 目标与定位
- 跨部门协作与整合
- 人才培养与引进
- 设计研究与趋势洞察
- 设计流程与管理
- 设计成果转化
- 设计评价与激励
- 持续投入与资源保障
- 创新文化的培育
- 国际化视野的拓展
- 数字化与智能化技术的应用
- 社会责任与可持续发展
- 持续优化与改进
- 设计思维与策略
- 设计领导力与团队管理
- 跨领域合作与共创
- 知识产权保护与成果转化
- 监测与评估机制

图9-7　企业设计创造力中心发展的建议

新能力。除了内部培养外,设计创造力中心还需要积极引进外部优秀人才。通过招聘具有丰富经验和创新思维的设计师、设计管理者等人才,为设计创造力中心注入新的活力和创意。

参考文献：

[1] 李俊. (2022). 专精特新：小巨人成长之路. 中国经济出版社.

[2] 张华. (2021). 专精特新：中国小巨人企业的崛起与转型. 机械工业出版社.

[3] 王志强, 刘芳. (2023). 专精特新：小巨人培育与成长策略. 企业管理出版社.

[4] 吴智慧, 叶志远. 家居企业数字化转型与产品数字化设计的发展趋势 [J]. 木材科学与技术, 2023.

[5] 王受之. (2019). 国家级工业设计中心建设与发展研究. 中国建筑工业出版社.

[6] 陈汗青, 尹定邦. (2021). 中国工业设计中心建设实践. 机械工业出版社.

[7] 孙林岩 等. (2009). 服务型制造：理论与实践. 清华大学出版社.

[8] 罗建强, 赵艳萍. (2015). 服务型制造概论. 清华大学出版社.

[9] Kelley, D. (2019). 设计创造力：创新思维与方法. 中信出版社.

[10] Brown, T. (2020). 设计思维：创新的力量. 中信出版社.

[11] Roche, D. (2021). 创新者的设计思维：如何像设计师一样思考. 机械工业出版社.

第十章　软件自主研发协同创新

SOFTWARE INDEPENDENT RESEARCH AND DEVELOPMENT
COLLABORATIVE INNOVATION

10.1 数字化生产与工厂

DIGITAL PRODUCTION

在数字化转型的浪潮下,软件自主研发与协同创新已成为企业竞争力的关键,它不仅推动了技术的创新,更引领了产业的变革。数字化生产不仅提高了生产效率,降低了成本,还使得产品更加个性化和多样化。软件自主研发与协同创新是推动企业可持续发展的核心动力,通过整合内外部资源,实现技术突破和产业升级。数字化生产是指利用数字技术,如物联网、大数据、云计算、人工智能等,对生产过程进行数字化建模、仿真、优化和控制,实现生产过程的自动化、智能化和柔性化。数字化生产的核心在于将物理世界的信息转化为数字信息,通过计算机系统进行处理和分析,再将这些数字信息转化为物理世界的实际行动。在构建开放、协同、包容的软件创新生态中,自主研发与协同创新是推动软件产业高质量发展的关键所在。

目前,数字化生产已经广泛应用于汽车(图10-1)、机械、电子、航空航天等制造行业。通过引入先进的数字化技术,这些行业实现了生产过程的自动化、智能化和柔性化,大大提高了生产效率和产品质量。数字化生产促进了传统制造业的转型升级。通过数字化技术的应用,制造业得以向高端化、智能化、绿色化方向发展,提高了产业的整体竞争力。智能制造是数字化生产的重要组成部分。通过引入人工智能、机器学习等技术,智能制造系统能够实现对生产过程的实时监控、预测和优化,进一步提高生产效率和产品质量。

首先,数字化生产通过自动化、智能化的生产方式,提高了生产效率。其次,数字化技术还能够对生产过程进行实时监控和优化,进一步提高生产效率。其三,数字化生产通过减少人工干预、优化生产流程、提高设备利用率等方式,有效降低了生产成本。其四,数字化技术还能够实现个性化生产,满足消费者多样化的需求,从而提高产品附加值。其五,数字化生产通过精确的数字化建模和仿真,能够在生产过程中及时发现和解决潜在问题,从而提高产品质量。其六,数

图10-1 沈阳宝马数字化工厂

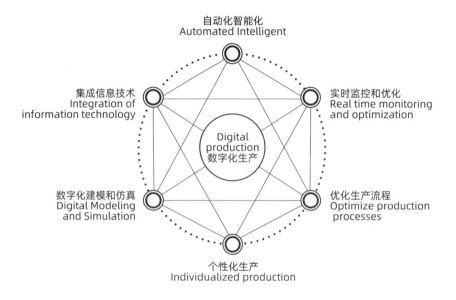

図10-2 数字化工厂的范例

字化技术还能够实现对生产过程的实时监控和优化,确保产品质量的稳定性和一致性。

数字化工厂作为数字化生产的实体产物已经成为现代制造业发展的重要趋势。数字化工厂通过集成信息技术、制造技术、自动化技术等多领域技术,实现生产过程的数字化、智能化和网络化,从而提高生产效率、降低成本、提升产品质量,为企业创造更大的竞争优势(图10-2)。数字化工厂的实现不仅是技术的革新,更是制造业转型升级的必经之路,它将重塑企业的生产模式和管理方式(图10-3)。

第一,数字化工厂的核心在于数据的集成与融合,它通过实现生产过程的透明化、智能化,为企业带来前所未有的生产效率和管理效益。第二,数字化工厂将生产过程中的各个环节紧密集成在一起,实现信息共享和协同作业,提高了生产效率和产品质量。第三,数字化工厂通过引入智能设备和系统,实现生产过程的自动化和智能化,降低了对人工干预的依赖,提高了生产效率和稳定性。第四,数字化工厂通过对生产过程的实时监控和数据分析,可以及时发现和解决潜在问题,同时预测生产趋势,为决策提供有力支持。可以根据市场需求和生产变化进行灵活调整,实现生产线的快速转换和扩展,提高了企业的市场响应速度。综上所述,数字化工厂是现代制造业的重要发展方向,企业应积极拥抱数字化工厂,把握数字化转型的机遇,实现可持续发展。数字化工厂的建设不仅

图10-3 数字化生产

需要前沿技术的支撑，更需要完善的理论体系和方法论指导，以实现制造业的可持续发展。

　　根据行业内的认可和媒体报道，知名企业在数字化工厂方面取得了显著的成绩。例如，西门子德国的安贝格工厂被认为是数字化工厂领域的佼佼者。该工厂通过引入智能机器人、人工智能工艺控制和预测维护算法等技术，实现了生产过程的自动化和智能化。在产品复杂性翻倍的情况下，工厂产量增加了40%，同时残次品率极低，生产线可靠性高达99%。此外，安贝格工厂还具备高度数字化的生产流程，能够灵活实现小批量、多批次生产，并具备高度的可追溯性。

　　另外，宝洁公司和奔驰公司也在数字化工厂方面取得了显著进展。宝洁公司通过引入物联网技术，实现了设备之间的互联互通，优化了生产计划和供应链管理，提高了生产效率和产品质量。奔驰公司则对其工厂进行了数字化改造，引入了自动化生产线和智能机器人，实现了生产过程的自动化和智能化，提高了生产效率和产品质量，并降低了人工成本。

10.2 数字化服务与设计

DIGITAL CO-SERVICE & DESIGN

数字化服务不仅是技术的革新,更是企业服务模式的重塑,它要求企业以用户为中心,实现服务的个性化、智能化和高效化(图10-4)。数字化服务设计的关键在于以用户体验为导向,通过数据驱动的设计思维,创造出满足用户需求且超越期望的服务体验。如今,电商平台、无人便利店等数字化服务在零售业领域得到了广泛应用。其一,这些服务通过线上线下的融合,为消费者提供更便捷、个性化的购物体验。在线支付、虚拟货币、智能投顾等数字化服务在金融业领域取得了显著成果。其二,这些服务不仅提高了金融业务的处理效率,还为消费者提供了更加安全、便捷的金融服务。远程医疗、电子病历、智能诊疗等数字化服务在医疗健康领域发挥了重要作用。其三,这些服务有助于缓解医疗资源紧张的问题,提高医疗服务的质量和效率。在线教育、智能辅导、虚拟实验室等数字化服务在教育培训领域得到了广泛应用。其四,这些服务打破了地域限制,为消费者提供了更加灵活、个性化的学习体验。

数字化设计服务面临的挑战和未来的趋势是多样化的,需要企业不断创新和改进以适应不断变化的市场需求和技术环境。数字化设计服务管理要求企业建立灵活、高效的服务体系,通过数据分析和智能化工具,不断提升服务质量和用户满意度。根据企业案例,展示数字化设计服务在不同行业中的深度应用及其对企业产生的深远影响(图10-5)。

亚马逊作为零售业的巨头,通过数字化服务实现了巨大的商业变革。它利用大数据和人工智能技术对用户行为、购物偏好进行深度分析,从而为用户提供个性化的购物推荐和精准的营销信息。此外,亚马逊还通过引入自动化和智能化的物流系统,大大提高了订单处理和配送效率,为用户提供了更加便捷和快速的购物体验。

宝马作为汽车制造商,通过数字化服务实现了生产线的智能化改造。它

图10-4 数字化服务

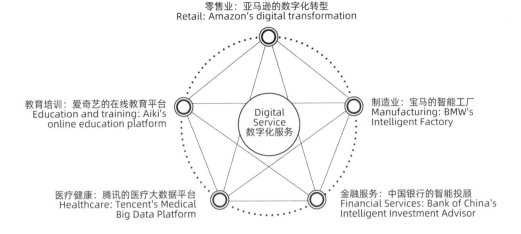

零售业：亚马逊的数字化转型
Retail: Amazon's digital transformation

教育培训：爱奇艺的在线教育平台
Education and training: Aiki's
online education platform

制造业：宝马的智能工厂
Manufacturing: BMW's
Intelligent Factory

Digital
Service
数字化服务

医疗健康：腾讯的医疗大数据平台
Healthcare: Tencent's Medical
Big Data Platform

金融服务：中国银行的智能投顾
Financial Services: Bank of China's
Intelligent Investment Advisor

图10-5　数字化服务

利用物联网技术将生产设备、传感器和信息系统连接起来，实现了生产过程的实时监控和数据分析。这使得宝马可以更加精准地控制生产节奏、提高生产效率，并实现个性化的定制生产。同时，数字化技术还帮助宝马实现了质量追溯和预测性维护，降低了故障率和维修成本。

中国银行作为金融机构的代表，通过数字化服务推出了智能投顾平台。该平台利用人工智能技术分析用户的财务状况、投资偏好和风险承受能力，为用户提供个性化的投资建议和资产配置方案。

腾讯作为互联网巨头，通过数字化服务在医疗健康领域取得了显著进展。它推出了医疗大数据平台，通过收集和分析海量的医疗数据，为医疗机构和患者提供精准的医疗服务和健康管理方案。这不仅提高了医疗服务的效率和质量，还为医学研究和新药开发提供了有力支持。

爱奇艺作为视频平台的领军者，通过数字化服务进军在线教育领域。它推出了在线教育平台，利用大数据和人工智能技术为用户提供个性化的学习路径和推荐资源。同时，爱奇艺还通过引入智能评估和反馈系统，实时了解学生的学习进度和难点，并提供针对性的辅导和支持。这不仅提高了学生的学习效率和兴趣，还为教育机构提供了更加精准和高效的教学方案。

大信通过数字化设计服务成功实现了从传统制造到智能制造的转型（图10-6）。首先，大信家居引入了先进的云设计平台，顾客只需登录平台，输入小区名称，就能轻松找到自家户型。借助平台中的丰富模块，顾客可以根据自己

图10-6　数字化家居设计与服务机制

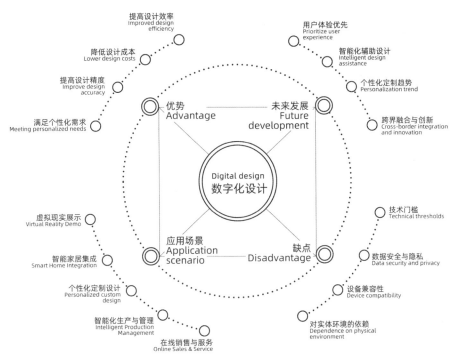

提高设计效率
Improved design
efficiency

降低设计成本
Lower design costs

提高设计精度
Improve design
accuracy

满足个性化需求
Meeting personalized needs

用户体验优先
Prioritize user
experience

智能化辅助设计
Intelligent design
assistance

个性化定制趋势
Personalization trend

跨界融合与创新
Cross-border integration
and innovation

优势
Advantage

未来发展
Future
development

Digital design
数字化设计

应用场景
Application
scenario

缺点
Disadvantage

虚拟现实展示
Virtual Reality Demo

智能家居集成
Smart Home Integration

个性化定制设计
Personalized custom
design

智能化生产与管理
Intelligent Production
Management

在线销售与服务
Online Sales & Service

技术门槛
Technical thresholds

数据安全与隐私
Data security and privacy

设备兼容性
Device compatibility

对实体环境的依赖
Dependence on physical
environment

图10-7　数字化设计的优势、应用场景、未来发展和缺点

的喜好和需求进行DIY设计,无论是颜色、材质还是布局,都可以自由搭配和调整。当顾客完成设计后,只需一键操作,云设计平台就能自动生成效果图和生产指令。这些指令直接传送到生产系统,实现了从设计到生产的无缝衔接。其次,在生产环节,大信家居的数字化技术也发挥了巨大作用。通过智能化的生产管理系统,企业能够实时监控生产进度,确保产品质量和生产效率。同时,自动化生产线和机器人的应用,大大提高了生产效率和精确度。其三,大信家居推出的云设计平台,允许消费者在线上进行家居的DIY设计。这一创新不仅提供了便捷的设计工具,还通过"一键"自动生成效果图和生产指令,大大简化了定制家居的流程,提高了消费者的参与度和满意度。大信家居通过引入智能化生产管理系统,实现了从设计到生产的无缝衔接。这一设计创新提高了生产效率,降低了生产成本,同时也确保了产品质量的稳定性和一致性。

值得一提的是,大信家居的数字化服务还延伸到了物流配送和安装服务环节。顾客完成支付后,产品会在最慢4天内生产出货,并通过专业的物流配送服务送到顾客家中。通过数字化手段,有效整合了供应链资源,实现了对原材料采购、生产、物流配送等各个环节的实时监控和优化。这不仅提高了供应链的协同效率, 还降低了运营成本, 为消费者提供了更加快速和准确的服务。消费者可以根据自己的喜好和需求, 在云设计平台上进行自由搭配和调整, 打造出独一无二的家居空间。这种个性化定制服务的推广, 不仅满足了消费者的个性化需求, 也为企业开辟了新的市场增长点 (图 10-7)。

　　大信家居在数字化服务方面的创新点主要体现在云设计平台的引入、生产系统的智能化、供应链的数字化管理以及个性化定制服务的推广等方面。这些创新不仅提高了企业的运营效率和产品质量, 也为消费者提供了更加便捷和个性化的定制服务, 推动了家居行业的数字化转型和发展。

10.3 数字化共创

DIGITAL CO-CREATION(PERSONAL MOBILE)

数字化共创模式不仅改变了传统的内容生产方式,也让普通用户有机会参与到内容创造和分享中来。数字化共创打破了传统的产品开发模式,让用户参与到产品的设计和创新过程中,实现了企业与用户的深度互动和协同创造。在个人移动端领域,数字化共创主要体现在社交媒体、短视频、博客、在线协作工具等方面。用户可以通过这些平台,随时随地表达自己的观点和创意,与他人交流分享,共同创造丰富的数字内容。数字化共创平台作为连接企业与用户的桥梁,通过汇聚多元的智慧和资源,促进了创新成果的快速生成和有效转化。

数字化共创平台通常具有实时更新的功能,用户可以随时发布和接收信息,保持与他人的即时互动。其优点包括: 第一,互动性。用户之间可以通过评论、点赞、转发等方式进行互动,形成紧密的社交网络。第二,多样性。数字化共创平台上的内容形式丰富多样,包括文字、图片、视频等,满足了用户多样化的表达需求。第三,个性化。用户可以根据自己的喜好和需求,定制个性化的内容和服务,提高用户体验。

由于数字化共创平台具有开放性和匿名性,用户发布的内容质量往往参差不齐。数字化共创涉及大量用户生成的内容,版权保护成为一个重要问题。如何确保原创作品的权益得到充分保护,防止盗版和侵权行为的发生,是数字化共创平台需要面对的挑战。在数字化共创过程中,用户需要分享个人信息和观点。如何保障用户信息安全和隐私保护,防止信息泄露和滥用,是数字化共创平台需要关注的重要问题。

数字化共创在个人移动端领域的应用和发展具有广阔的前景和巨大的潜力。企业需要结合数字化优势对用户信息进行实时跟进,对用户数据加强监管和管理、提高用户积极性和参与度,辅助企业产品进行持续创新和技术升级,以此推动数字化共创的健康发展。由此可见,在数字化共创时代,用户的参与不再

图 10-8　海尔集团的范例

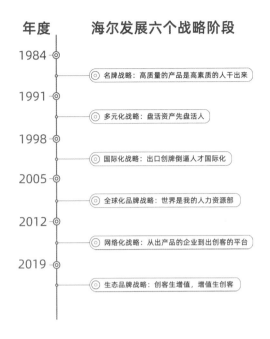

年度　　　**海尔发展六个战略阶段**

1984
　　名牌战略: 高质量的产品是高素质的人干出来

1991
　　多元化战略: 盘活资产先盘活人

1998
　　国际化战略: 出口创牌倒逼人才国际化

2005
　　全球化品牌战略: 世界是我的人力资源部

2012
　　网络化战略: 从出产品的企业到出创客的平台

2019
　　生态品牌战略: 创客生增值, 增值生创客

图10-9　海尔发展的六个战略阶段

仅仅是消费的延伸, 而是成为创新的重要驱动力, 与企业共同创造价值和体验。

　　海尔集团作为全球家电行业的领军企业, 积极应对数字化转型的挑战, 将其数字化转型战略与企业发展战略无缝融合, 以拓展海外市场和实现全球化运营 (图10-8)。海尔集团的数字化生态系统建设是其数字化转型战略的重要组成部分, 旨在与合作伙伴、供应商和渠道商等共同创造价值, 实现互利共赢。海尔集团通过构建数字化平台, 将自身与合作伙伴、供应商和渠道商等各方紧密连接在一起。这些数字化平台包括海尔的工业互联网平台 "卡奥斯COSMOPlat"、智慧家庭场景品牌 "三翼鸟" 等, 它们为各方提供了信息共享、协同创新和业务合作的机会。海尔集团积极与各类企业、机构和创新者建立合作关系, 共同推动数字化生态系统的发展。例如, 海尔与阿里巴巴、腾讯等互联网企业合作, 共同探索智能家居、智能服务等领域的新模式和新应用。同时, 海尔还积极引入创新企业和初创公司, 通过孵化器和加速器等机制, 为其提供资源和支持, 促进创新成果的转化和应用。海尔集团的数字化生态系统采用了共创共享的生态模式, 各方在平台上共同参与、协作创新, 实现资源共享和价值共创。例如, 海尔的 "人人创客" 计划鼓励员工成为创业者, 与合作伙伴共同开发新产品和新服务。同时, 海尔还通过 "海创汇" 等平台, 为小微企业和创业者提供资源、技术和市场支持, 促进创新创业的繁荣和发展。数字化共创的核心在于构建开放、协同、包容的创新生态系统, 通过跨界合作和多方参与, 实现共创价值的最大化和共享, 图10-9是对海尔数字化转型战略的六个阶段进行梳理。

参考文献:

[1] 周济,李培根.(2021).数字化工厂:原理、技术与实施.机械工业出版社.

[2] 王飞跃,杨海燕.(2022).数字化工厂规划与实践.电子工业出版社.

[3] 陈肇雄,张映锋.(2023).智能制造与数字化工厂.清华大学出版社.

[4] 王明杰.(2022).数字化设计:原理与实践.清华大学出版社.

[5] 李斌,陈曦.(2023).数字化设计与制造技术.机械工业出版社.

[6] 张红,刘刚.(2023).数字化设计与虚拟仿真.电子工业出版社.

[7] 赵明,陈亮.(2023).数字化设计思维与创新方法.中国建筑工业出版社.

[8] 刘鹏,王敏.(2023).数字化共创:企业与用户的协同创新模式.中国人民大学出版社.

[9] 张华,李娜.(2023).数字化共创平台:构建与运营策略.电子工业出版社.

[10] 陈明,赵勇.(2023).数字化共创时代的用户参与与创新.经济管理出版社.

[11] 王跃,周济.(2023).数字化共创:理论、方法与实践.机械工业出版社.

第十一章　智能制造产业的原理建构

PRINCIPLE CONSTRUCTION OF INTELLIGENT MANUFACTURING
INDUSTRY

11.1 "智能品控"远程设计服务

"INTELLIGENT QUALITY CONTROL" REMOTE DESIGN SERVICE

"智能品控"远程设计服务是一种基于人工智能和远程协作技术的创新服务模式,它旨在为企业提供高效、精准的品控解决方案(图11-1)。远程设计服务通过数字化工具和平台,打破了地域限制,实现了设计资源的优化配置和高效协作。通过利用人工智能技术,该服务能够实现对产品质量的自动化检测、预测和改进,从而帮助企业提高产品质量、降低成本并增强市场竞争力。远程设计服务不仅提高了设计的效率和质量,还促进了设计服务的普及和普及化,为中小企业和个人提供了更多创新的机会。

利用深度学习等人工智能技术,对产品进行自动化的质量检测。通过对产品图像或数据的分析,系统能够识别出产品中的瑕疵、缺陷等问题,并提供准确的检测结果。这大大减少了人工检测的时间和成本,同时,规避了原来模式下依靠人工或人工结合机器检测下的漏洞,提高了检测效率和准确性。

基于大量的历史数据和产品测试结果,利用人工智能技术建立预测模型,对产品质量问题进行预测。企业可以根据这些预测结果,提前进行生产计划和质量改进的决策,从而避免潜在的质量问题。同时,通过分析数据,还可以发现产品质量改进的空间和方向,为企业提供有针对性的质量改进措施。

通过远程协作技术,将品控团队与供应商、生产现场等各方连接起来,实现实时的沟通和协作。品控团队可以远程监控生产过程中的质量数据,及时发现潜在问题并与相关方进行及时沟通。这种远程协作和监控模式不仅提高了品控的效率,还降低了沟通成本和时间成本。

通过人工智能技术和远程协作技术的结合,企业可以实现对产品质量的全面监控和改进,提高产品质量水平,降低生产成本,并快速响应市场变化。同时,该服务还可以帮助企业建立持续的质量改进机制,推动企业的持续发展和创新。"智能品控"远程设计服务是一种创新的品控解决方案,它利用人工智能和远程

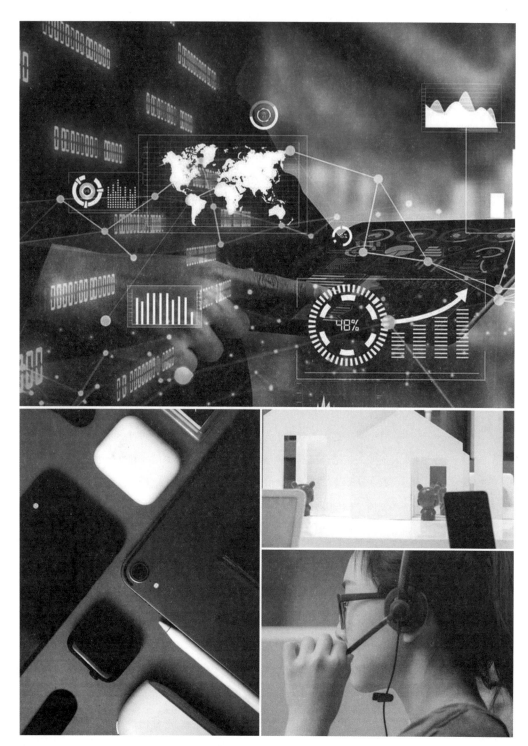

图11-1 智能品控

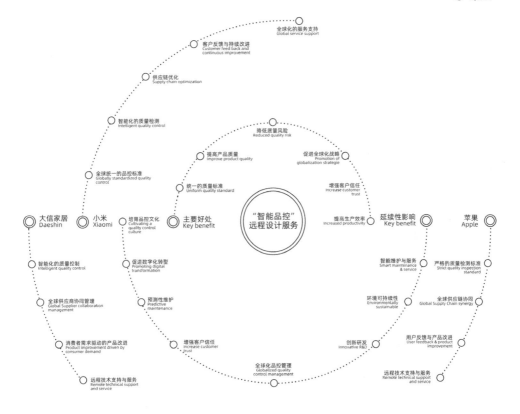

"智能品控" 远程设计服务
"Intelligent QC" Remote Design Service

全球化的服务支持
Global service support

客户反馈与持续改进
Customer feed back and continuous improvement

供应链优化
Supply chain optimization

智能化的质量检测
Intelligent quality control

降低质量风险
Reduced quality risk

全球统一的品控标准
Globally standardized quality control

提高产品质量
Improve product quality

促进全球化战略
Promotion of globalization strategy

统一的质量标准
Uniform quality standard

增强客户信任
Increase customer trust

大信家居
Daeshin

小米
Xiaomi

培育品控文化
Cultivating a quality control culture

主要好处
Key benefit

"智能品控" 远程设计服务

提高生产效率
Increased productivity

延续性影响
Key benefit

苹果
Apple

智能化的质量控制
Intelligent quality control

促进数字化转型
Promoting digital transformation

智能维护与服务
Smart maintenance & service

严格的质量检测标准
Strict quality inspection standard

全球供应商协同管理
Global Supplier collaboration management

预测性维护
Predictive maintenance

环境可持续性
Environmentally sustainable

全球供应链协同
Global Supply Chain synergy

消费者需求驱动的产品改进
Product improvement driven by consumer demand

增强客户信任
Increase customer

创新研发
Innovative R&D

用户反馈与产品改进
User feedback & product improvement

远程技术支持与服务
Remote technical support and service

全球化品控管理
Globalized quality control management

远程技术支持与服务
Remote technical support and service

图 11-2 "智能品控" 远程设计服务

协作技术为企业提供高效、精准的品控支持。通过该服务，企业可以提高产品质量、降低成本、增强市场竞争力，并实现持续的质量改进和创新发展。远程设计服务的管理和运营需要建立完善的项目管理体系和服务质量监控机制，确保设计服务的高效交付和用户满意度（图 11-2）。

　　"智能品控" 远程设计服务不仅提高了品控效率，还为企业带来了更广泛的商业价值。通过实时监控和分析产品质量数据，企业可以更加精准地管理供应链。"智能品控" 远程设计服务不仅是一个技术解决方案，更是一个推动企业持续改进和创新的战略工具。随着技术的不断发展和应用场景的不断拓展，该服务有望在未来发挥更加重要的作用，帮助企业实现更高效、精准和可持续的品控管理。

全球化品控管理带来了许多好处,包括统一的质量标准、提高产品质量、降低质量风险、提高生产效率、增强客户信任以及促进全球化战略。这些好处有助于企业在全球市场上建立竞争优势,提高整体竞争力和市场地位。在数字化时代,远程设计服务已经成为设计行业的重要发展趋势,它促进了设计资源的全球共享和协作,推动了设计创新和服务升级。

　　小米一直致力于为消费者提供高质量、高性价比的产品。为实现这一目标,小米采用了先进的“智能品控”远程设计服务,即在全球范围内实施统一的品控标准,确保无论产品在哪里生产,都能达到同样的质量标准。这种全球化的品控管理使得小米的产品在全球范围内都享有良好的声誉。利用人工智能技术,对其产品进行自动化的质量检测。通过训练深度学习模型,小米的品控系统能够识别产品中的各种瑕疵和缺陷,提高了检测效率和准确率。无论消费者在全球哪个角落购买小米的产品,都能得到及时、专业的服务支持。远程设计服务团队通过远程协作技术,为全球消费者提供高效、便捷的服务。通过“智能品控”远程设计服务,实现了全球范围内的高质量产品生产和服务支持,赢得了消费者的广泛认可和信赖。这为其他企业在全球化品控管理方面提供了有益的借鉴和启示。

　　华为作为中国著名的科技企业,其产品一直以其卓越的质量和用户体验而著称。为了实现这一标准,华为采用了先进的“智能品控”远程设计服务,以确保其产品的全球一致性和高品质。2021年,华为进军汽车市场,同样采用“智能品控”来延续高质量和良好的用户体验,为此,特意与赛力斯汽车超级工厂打造问界超级工厂,以高度智能化、远程操作来完成问界系列汽车。“问界”系列汽车利用先进的“四位一体”智能制造架构、1600+台智能终端协同运作,实现了总装车间自动化率行业最高、焊接过程自动化率100%、喷涂自动化率100%。

全自动智能伺服压机线配合单臂机械手，实现100%自动化生产，1分钟最高可压制16个钣金件，AGV自动转运入库，高效运输保障生产效率。华为对其产品实施了非常严格的质量检测标准，利用IOT物联网平台，进行数字化智能监控，实现提前预警、监控、追溯；完成车辆从板材进线到整车下线全过程质量数据的100%自动采集、分析，以确保产品的质量。

11.2 "最小单元" 个性化定制

PERSONALIZATION OF THE "SMALLEST UNIT"

在个性化定制中,"最小单元"的概念逐渐受到关注。所谓"最小单元",指的是在产品或服务中可以独立变化、调整的最小组成部分。通过针对"最小单元"进行个性化定制,企业能够满足消费者的独特需求,提高产品的附加值,实现差异化竞争。个性化定制经济正逐渐成为新的经济增长点,它推动了制造业和服务业的深度融合,为用户提供了更加个性化和多样化的选择(图11-3)。

"最小单元"个性化定制是指根据消费者的个性化需求,对产品或服务中的最小可调整单元进行定制,以满足消费者的独特需求。首先,这种定制方式允许消费者在产品或服务的不同方面进行选择、组合和调整,从而实现个性化的消费体验。其次,企业可以灵活地满足消费者的独特需求,提高消费者的满意度和忠诚度。其三,通过"最小单元"个性化定制,企业可以在产品或服务中增加独特的元素和功能,从而提高产品的附加值。这有助于提升企业的品牌形象和市场竞争力。其四,在激烈的市场竞争中,差异化竞争是企业取得优势的关键。通过"最小单元"个性化定制,企业可以打造独具特色的产品和服务,实现差异化竞争,从而在市场中脱颖而出。

实现"最小单元"个性化定制需要借助先进的技术手段,如3D打印、智能制造、大数据分析等。这些技术可以帮助企业快速响应消费者的个性化需求,实现高效、精准的定制服务。其中,模块化设计是实现"最小单元"个性化定制的关键。通过将产品或服务划分为若干个独立的模块,企业可以根据消费者的需求对模块进行调整、组合和优化,从而实现个性化的定制服务。

在"最小单元"个性化定制过程中,消费者的参与至关重要。企业需要通过线上或线下的方式,与消费者进行充分的沟通和交流,了解他们的需求和期望,从而提供更加符合他们需求的个性化产品和服务。同时,个性化定制可能对企业的供应链管理提出了更高的要求。企业需要与供应商建立紧密的合作关

图11-3 个性化定制

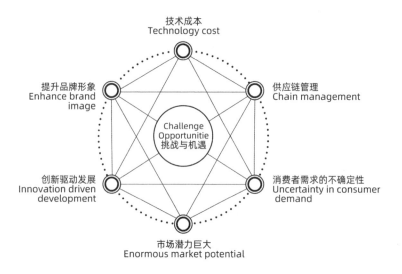

技术成本
Technology cost

供应链管理
Chain management

提升品牌形象
Enhance brand
image

Challenge
Opportunitie
挑战与机遇

消费者需求的不确定性
Uncertainty in consumer
demand

创新驱动发展
Innovation driven
development

市场潜力巨大
Enormous market potential

图11-4 "最小单元"个性化定制的挑战与机遇

系,确保供应链的稳定性和灵活性,以满足消费者的个性化需求。值得关注的是,个性化定制使得消费者的需求变得更加多样和不确定。企业需要具备强大的市场洞察能力和快速响应能力,以应对消费者需求的变化(图11-4)。

"最小单元"个性化定制作为一种新兴的制造和服务模式,正逐渐成为满足消费者个性化需求的重要途径。通过借助先进的技术手段,采用模块化设计以及鼓励消费者参与等方式,企业可以实现"最小单元"个性化定制的高效运作。然而,在实施过程中,企业也需要面对技术成本、供应链管理和消费者需求不确定性等挑战。展望未来,随着科技的不断进步和消费者需求的持续变化,"最小单元"个性化定制将在制造业和服务业中发挥更加重要的作用。企业需要紧跟时代潮流,不断创新和优化个性化定制服务,以满足消费者的多元化需求,实现企业的可持续发展。同时,政府和社会各界也应关注和支持"最小单元"个性化定制的发展,为其创造良好的发展环境和条件。

随着工业4.0和"中国制造2025"等制造业转型升级战略的推进,个性化定制已经成为制造业和服务业发展的重要方向。而"最小单元"个性化定制作为实现个性化需求的有效手段,正逐渐受到广泛关注。同时,大数据、人工智能等技术让企业可以更加精准地把握消费者需求,实现更加智能化的个性化定制服务。

首先,在服装行业中,"最小单元"个性化定制的应用已经非常普遍。许多服装品牌通过提供不同面料、颜色、尺码和款式等选项,让消费者可以自由选择、组合和调整，从而打造出符合自己喜好和需求的个性化服装。这种定制方式不仅提高了消费者的购物体验，还帮助品牌增加了产品附加值和市场竞争力。其次，在汽车行业中，一些汽车厂商允许消费者在选择车型、颜色、内饰等方面进行个性化定制，甚至提供了一些可选的配置和功能，让消费者可以根据自己的需求和喜好打造出独一无二的汽车。这种定制方式不仅满足了消费者的个性化需求，还提高了汽车的品牌形象和市场竞争力。最后，在家居行业中，"最小单元"个性化定制也具有广阔的应用前景。例如，一些家具品牌允许消费者在选择材质、颜色、尺寸等方面进行个性化定制，甚至提供了一些可选的功能和设计元素，让消费者可以打造出符合自己家居风格和需求的个性化家具。这种定制方式不仅提高了消费者的居住体验，还帮助品牌树立了独特的品牌形象和市场地位。

大信的"最小单元"是指构成家居产品的基本元素，如板材、五金件、装饰品等。通过对这些最小单元进行个性化定制，大信家居能够为消费者提供更为灵活、个性化的家居解决方案。为实现"最小单元"个性化定制，大信家居拥有一支专业的研发团队，负责研究和开发新的最小单元，以满足市场的多样化需求。同时，大信家居还积极与供应商合作，确保供应链的稳定性和灵活性，为个性化定制提供有力保障。大信引入了先进的生产技术和设备，实现最小单元的快速、高效生产。通过采用智能制造、自动化生产等技术手段，大信家居能够确保个性化定制产品的质量和效率。

然而，在实施"最小单元"个性化定制过程中，大信也面临一些挑战。例如，如何确保个性化定制产品的质量和效率、如何降低生产成本、如何满足消费者日益多样化的需求等。为应对这些挑战，大信需要不断创新和改进个性化定制服务，加强与供应商的合作，提高市场洞察能力和快速响应能力。

11.3 "极致管控"供需时间周期

"EXTREME CONTROL" OF SUPPLY AND DEMAND TIME CYCLES

在现代商业环境中,供需时间周期的管理和控制已成为企业取得竞争优势的关键因素之一。有效的供需时间周期管理不仅能够提高企业的运营效率,减少资源浪费,还能帮助企业更好地预测市场变化,满足客户需求。而"极致管控"的理念则强调对供需时间周期的精细化、高效化管理,追求在最短时间内实现供需平衡,以满足市场和消费者的快速变化。供需时间周期是经济周期中的重要组成部分,它反映了供给和需求在时间上的不平衡和调整过程。

"极致管控"供需时间周期是指在供应链管理中,通过高度集成、协同和优化各个环节,实现供需之间时间周期的最短化、精确化和可控化。它要求企业具备快速响应市场变化的能力,能够在最短时间内调整生产计划、优化库存结构、提高物流效率,以满足客户需求。通过极致管控供需时间周期,一方面,企业可以缩短生产周期、减少库存积压、降低运营成本,从而提高整体运营效率;另一方面,极致管控使得企业能够更快速地响应市场变化和客户需求,抓住商机,提升市场竞争力。最终,极致管控供需时间周期有助于企业及时交付产品、提供服务,满足客户的期望和需求,从而提升客户满意度和忠诚度(图11-5)。

信息技术是实现极致管控的重要工具。企业应积极采用先进的信息系统和技术,如供应链管理系统、大数据分析平台、物联网技术等,实现对供需时间周期的实时监控、分析和优化。同时,企业应加强对市场需求、生产能力和库存状况的精准预测和计划。通过收集和分析历史数据、市场趋势和客户需求等信息,制订科学合理的生产计划和销售策略,避免供需失衡和库存积压。不同地域、不同行业、不同企业的供应链管理模式和运作方式存在差异,给极致管控带来了挑战。因此,企业需要通过加强信息沟通和共享,减少信息不对称带来的风险。

市场需求、生产能力、物流配送等方面的不确定性因素可能影响供需时间

图11-5　极致管控下的设计

周期的管控效果。企业应积极关注和应用这些新技术和工具,提高供需时间周期的管理效率和质量。通过供应链金融的支持,企业可以优化资金流、降低运营成本、提高运营效率,从而更好地实现极致管控。由此可见,极致管控有助于企业减少资源浪费、降低环境污染、提高可持续发展能力,符合绿色发展的趋势和要求。

苹果为了实现极致管控供需时间周期,与供应商建立了紧密的合作关系。例如,苹果与Foxconn等代工厂商合作,通过共享生产计划、库存信息和市场需求数据,实现供应链的协同管理。这种协同管理确保了苹果能够在最短时间内调整生产计划、优化库存结构、提高物流效率,从而快速响应市场变化并满足客户需求。

亚马逊对供需时间周期的管控要求极高。为了实现极致管控,亚马逊利用大数据分析和机器学习技术,对市场需求进行精准预测。通过收集和分析历史销售数据、用户行为数据和市场趋势等信息,能够准确预测未来某一时段内各类产品的需求量。基于这些预测结果,亚马逊制定科学合理的销售计划和库存管理策略,确保库存水平既能满足销售需求,又能避免过多的库存积压。

ZaraZara采用了"快速反应供应链"模式。该模式强调对市场变化的快速响应和灵活调整。当Zara发现某个款式在市场上受到欢迎时,它能够迅速调整生产计划、增加库存量,并在短时间内将产品送达门店。这种快速反应的能力使得Zara能够迅速抓住市场商机,满足消费者快速变化的需求。

丰田汽车的"准时制"(Just-in-Time)生产模式在业界具有广泛影响力。该方式强调在需要的时候、按需要的量生产所需的产品。通过精确控制生产节奏、优化物料供应和减少浪费,丰田汽车能够在最短时间内完成生产任务并满足客户需求。这种生产方式不仅提高了丰田汽车的生产效率和市场响应能力,还降低了库存成本和运营成本。

宜家家居采用了模块化设计策略。通过设计易于组装和拆卸的家具模块,宜家能够迅速响应市场需求,快速调整生产计划,并在短时间内将产品送达消费者手中。这种模块化设计不仅提高了生产效率,还降低了库存成本,使宜家家居能够更好地满足消费者的个性化需求。

红星美凯龙通过线下实体门店的展示和体验,红星美凯龙能够及时了解消费者的需求和喜好,并通过线上平台进行订单处理、产品定制和物流配送等环节的管理。这种线上线下融合的方式使红星美凯龙能够更快速地响应市场变化,满足消费者的多样化需求,并提供更加便捷的购物体验。

欧派家居采用了定制化生产的策略。通过与消费者进行深度沟通,了解他们的个性化需求,欧派能够迅速调整生产计划,实现定制化产品的快速生产和交付。这种定制化生产的模式不仅提高了产品的附加值和市场竞争力,还增强了消费者对品牌的忠诚度和满意度。

居然之家通过建立智能化的仓储管理系统,居然之家能够实时监控库存情况、预测市场需求,并根据销售数据及时调整库存结构和生产计划。同时,通过优化物流配送网络和提高物流效率,居然之家能够在最短时间内将产品送达消费者手中,满足他们对快速交付的需求。

这些企业通过模块化设计、线上线下融合、定制化生产和智能仓储与物流等方式提高了生产效率、市场响应能力和客户满意度,有助于推动整个行业的转型升级和持续发展(图11-6)。然而,家居企业实现极致管控供需时间周期的最佳方式并没有一个固定的标准,因为每个企业的规模、业务模式、市场定位和资源状况都有所不同。结合行业特点和成功案例,以下是一些实现极致管控的关键要素和策略:

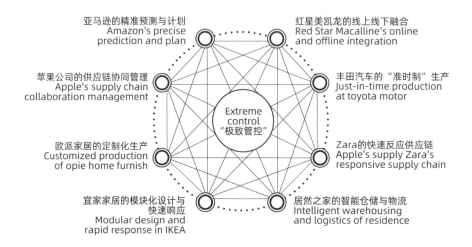

亚马逊的精准预测与计划
Amazon's precise prediction and plan

红星美凯龙的线上线下融合
Red Star Macalline's online and offline integration

苹果公司的供应链协同管理
Apple's supply chain collaboration management

丰田汽车的"准时制"生产
Just-in-time production at toyota motor

Extreme control
"极致管控"

欧派家居的定制化生产
Customized production of opie home furnish

Zara的快速反应供应链
Apple's supply Zara's responsive supply chain

宜家家居的模块化设计与快速响应
Modular design and rapid response in IKEA

居然之家的智能仓储与物流
Intelligent warehousing and logistics of residence

图11-6 "极致管控"供需时间周期

第一,数字化与智能化转型。利用先进的信息技术和智能化系统,实现业务流程的数字化和自动化。通过集成供应链管理系统、销售管理系统、仓储管理系统等,实现各环节信息的实时共享和协同作业。这有助于提高生产效率、减少人为错误和缩短决策周期。第二,供应链协同管理。与供应商、生产商、物流服务商等合作伙伴建立紧密的合作关系,共同制定供应链计划和策略。通过共享信息、共担风险、共同应对市场变化,实现供应链的协同和高效运作。第三,定制化生产与柔性制造。根据市场需求和消费者喜好,提供个性化的定制产品和服务。通过柔性制造和模块化设计,快速调整生产计划和生产流程,满足定制化需求。这有助于提高产品附加值、增强市场竞争力并满足消费者多样化需求。第四,精准预测与计划。利用大数据分析和机器学习技术,对市场需求、销售趋势和库存状况进行精准预测。基于预测结果制定科学合理的销售计划和库存管理策略,避免供需失衡和库存积压。第五,优化仓储与物流管理。建立高效、智能的仓储和物流系统,实现库存的实时监控和调度。通过优化物流配送网络、提高物流效率、降低运输成本等方式,确保产品在最短时间内送达消费者手中。第六,持续改进与优化。建立持续改进和优化机制,对供需时间周期的管理效果进行定期评估和改进。通过收集用户反馈、分析运营数据、优化流程等方式,不断提升供需时间周期的管理水平。

综上所述,大信想要实现极致管控供需时间周期,其最佳方式需要综合考虑企业实际情况和市场需求,通过数字化转型、供应链协同、定制化生产、精准预测与优化仓储物流等多种策略相结合,不断提升管理效率和市场竞争力。

11.4 "极致管控"供需时间周期

"EXTREME CONTROL" OF SUPPLY AND DEMAND TIME CYCLES

在数字化时代,信息量的爆炸性增长使得企业和个人在处理和利用信息时面临巨大的挑战。如何有效地整合、管理和利用这些信息成为一个迫切的问题。信息集成作为一种将不同来源、格式和类型的信息进行整合、处理和利用的技术手段,为构筑用户素材库提供了有效的解决方案。用户素材库是设计师手中的宝贵资源,它为设计师提供了丰富的视觉元素和交互元素,助力设计师快速构建出高质量的用户界面(图11-7)。

信息集成技术能够将来自不同来源、格式和类型的数据进行整合,形成一个统一的数据平台。这为用户素材库的建立提供了基础数据支持,使得用户能够方便地访问和管理各种素材。通过对整合后的数据进行清洗、转换和标准化处理,提高数据的质量和可用性。这对于用户素材库中的素材质量和准确性至关重要。将素材库中的数据以图表、报告等形式进行可视化展示,便于用户直观地了解数据的分布、趋势和关联关系。同时,通过对数据的深入分析,用户可以发现隐藏在数据中的价值,为决策提供支持。

信息集成技术能够自动化地完成数据的整合、处理和分析过程,提高用户素材库的建设效率。用户无须花费大量时间和精力在数据整理和管理上,可以更加专注于创作和决策。通过信息集成技术,用户可以更加高效地利用已有的数据资源,避免重复采集和处理数据,从而降低数据获取和处理的成本。同时,集中存储和管理数据也可以减少硬件和人力成本,提高数据的质量和可用性。这对于用户素材库中的素材质量和准确性至关重要(图11-8为Adobe用户信息素材资源的分析)。

用户素材库中的数据可能来自不同的来源和格式,如何进行有效地整合和处理是一个挑战。为此,可以采用统一的数据标准和规范,以及灵活的数据适配器来应对不同来源和格式的数据。通过引入机器学习、深度学习等技术手段,可

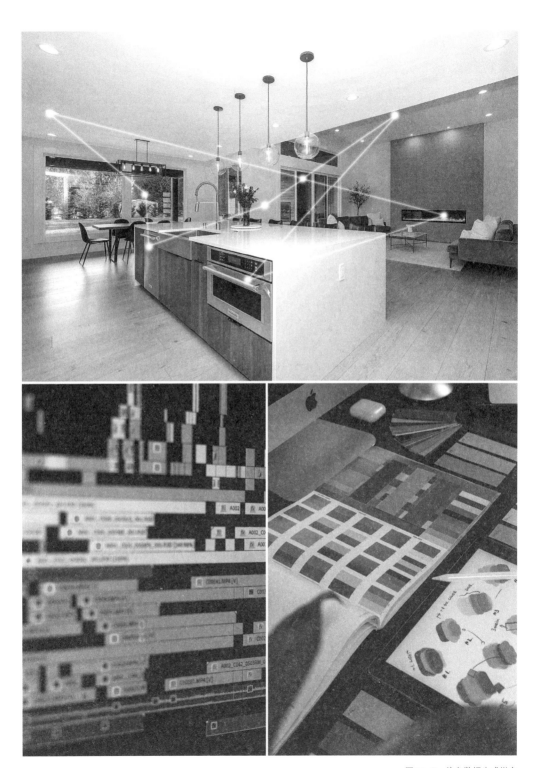

图 11-7　信息数据生成媒介

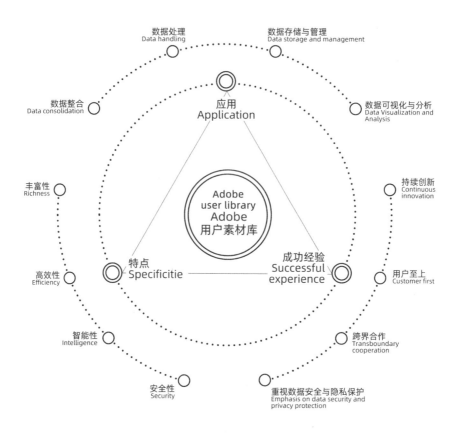

图 11-8 ADOBE 用户素材库

以实现对数据的自动分类、标注和推荐等功能,进一步提高用户素材库的使用效率和便捷性。信息集成将更加注重对数据的深度分析和挖掘。通过对用户素材库中的数据进行关联分析、趋势预测等操作,可以发现隐藏在数据中的价值,为创作和决策提供更有力的支持。未来用户素材库中的数据将更加多样化和复杂化。因此,信息集成需要支持多源数据的融合和处理,包括结构化数据、非结构化数据以及流媒体数据等。这将使得用户能够更加方便地获取和利用各种类型的数据资源。通过将部分数据处理和分析任务部署在边缘设备上,可以实现对数据的实时处理和响应,进一步提高用户素材库的性能和可用性。

展望未来,智能化处理、大数据分析挖掘、多源数据融合以及云计算与边缘计算结合等技术的不断发展,信息集成将在构筑用户素材库方面发挥更加重要的作用。这些技术的发展将进一步提升用户素材库的性能、效率和安全性,为用户创造更加丰富的创作和决策支持体验。用户素材库不仅是设计元素的集合,更是用户需求的宝库。通过深入挖掘和分析用户素材库中的数据,设计师能够更准确地把握用户需求,提升产品的用户体验。

AR和VR技术的不断普及,用户对于高质量、高真实感的素材需求将不断增加。信息集成技术可以帮助用户从各种来源整合高质量的素材,为AR和VR应用提供丰富的素材资源。区块链技术为数据的安全性和可信度提供了全新的解决方案。通过将区块链技术引入信息集成过程,可以确保用户素材库中的数据安全、透明且不可篡改,从而增强用户对于素材库的信任度。用户可以更加方便地通过自然语言描述来检索和筛选素材。这将大大提高用户素材库的易用性和效率。边缘计算技术可以在数据产生的源头进行实时处理和分析,从而为用户提供更加及时和准确的素材推荐和服务。

未来的用户素材库将更加智能、高效和安全,为用户创造更加丰富的创作和决策支持体验。用户素材库的有效管理对于设计师和团队至关重要,它能够帮助设计师高效利用设计资源,同时确保设计的一致性和规范性。同时,信息集成化也使信息构成更加标准化,使信息在各个应用软件可以流畅地流通运行,进而升级到信息化集成平台,将集成的复杂性由多个降到一个。针对某一特定领域某一特定用户的需求,以信息为对象,信息资源为本体,服务为动力,网络技术为手段,协同作业为方法,把信息资源诸要素有机融合并使之不断自我优化。

例如,信息集成化在智能手表的应用尤其出色。智能手表的历史可以追溯到20世纪70年代,除了一开始仅为带有计算器功能的数字手表。而目前的智能手表已经可以包含GPS定位、监测用户睡眠、计算跑步数据、拍摄等多种功能。这其中不仅要克服硬件上的困难,还需要克服各个功能信息交流和不同系统之间的适配性,也就是前文提到的信息的标准化。目前,市面上主流的智能操作系统包含了 iOS、Android 以及 Windows Phone,想能够完全覆盖,智能手表需要提供对比如 unbertu 以及 firefox 以及各种新兴智能平台的支持协议,这些都将成为智能手表在以后设计中必须考虑的因素。在使用目前的智能手表的医疗功能时，他能自主地收集用户的健康数据，自动化地完成数据的整合、处理和分析过程，再根据数据库中的已存资料，给予用户合适的建议。

对于大信，信息集成化可以提高用户信息资源利用效率、降低运营成本、提升产品竞争力，建立高质量的用户资源库，以达到提高产品竞争力和用户体验。通过信息集成化大信构筑的用户素材库，提供给了用户便捷的一站式家居定制服务，无须在不同的平台间切换。对整合后的素材进行清洗、转换和标准化处理，消除了数据中的冗余、错误和不一致，提高了素材的质量和可用性。

参考文献：

[1] 刘伟,张红.(2023).远程设计服务:原理与实践.清华大学出版社.

[2] 李明,王敏.(2023).远程设计服务的创新与发展.机械工业出版社.

[3] 赵勇,陈明.(2023).远程设计服务的管理与运营.经济管理出版社.

[4] 陈曦,李斌.(2023).数字化时代的远程设计服务模式研究.电子工业出版社.

[5] 王勇,张华.(2022).个性化定制:原理与实践.清华大学出版社.

[6] 陈明,刘鹏.(2023).个性化定制经济:趋势与机遇.经济管理出版社.

[7] 巴罗.(2011).经济周期理论与实践.中国人民大学出版社.

[8] 赵明,陈亮.(2023).数字化设计思维与创新方法.中国建筑工业出版社.

[9] 张晓飞.(2023).用户体验设计:从素材库到原型制作.电子工业出版社.

[10] 王磊.(2023).用户研究与应用:从素材库挖掘用户需求.机械工业出版社.

[11] 陈华.(2023).设计资产管理:用户素材库的实践与管理.人民邮电出版社.

[12] 雷炀.智能手表信息集成化设计浅析[J].山西农经,2017,(12):121+123.

第十二章 融入智能与人文的
企业设计战略

CORPORATE DESIGN STRATEGIES THAT INCORPORATE
INTELLIGENCE AND HUMANITY

12.1 企业设计导入期: 制造与价格主导

CORPORATE DESIGN INTRODUCTORY PERIOD: MANUFACTURING AND
PRICE DOMINANCE

1978年, 中共十一届三中全会作出全面实行改革开放的决策, 开始建立起全面的物质生产体系, 中国由集体主义经济转变为市场经济。自1979年开始, 中国工业设计协会成立; 各地的综合类大学和美术学院相继开办工业设计专业; 同时, 各地成立工业设计促进机构。改革开放后, 计划经济时代千人一面的产品已完全不适应市场的需求。面对国内消费制造业的技术和设计基础的薄弱的状况, 最早市场化的家电行业大量采用 "技术引进"、"合资" 的方式作为参与市场竞争的模式, 国家大力重视制造业发展, 各地龙头企业在引进国外先进的生产线以加快制造业发展, 在对国际畅销产品制造工艺研发的同时, 启蒙和积累了工业设计的方法和经验, 并开始认识到工业设计对于企业竞争的重要性。

在企业的设计导入期, 制造和价格策略的选择显得尤为重要。企业面临着从产品概念到实际产品的转变, 同时还需要在市场上建立自己的地位。在激烈的市场竞争中, 制造业的成功不仅取决于高质量的产品, 更在于如何平衡价格与质量, 实现双重优势。在企业的设计导入期, 优化制造过程不仅可以提高生产效率, 降低生产成本, 还可以确保产品的质量和稳定性。具体来说, 企业发展策略体现在以下几个方面(图12-1): 第一, 通过有效的制造策略, 企业可以精确控制生产成本, 避免资源的浪费。这不仅可以提高企业的盈利能力, 还可以为未来的价格策略制定提供更大的灵活性。第二, 产品质量保证。制造过程的优化可以确保产品的质量和稳定性。在导入期, 产品质量是赢得消费者信任和市场认可的关键因素。通过严格的制造流程和质量控制, 企业可以建立起良好的品牌形象。第三, 生产效率提升。高效的制造策略可以提高生产效率, 缩短产品上市时间。这对于企业来说, 意味着更快的市场反应速度和更高的市场竞争力。

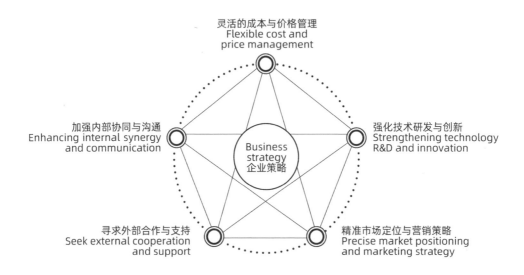

灵活的成本与价格管理
Flexible cost and
price management

加强内部协同与沟通
Enhancing internal synergy
and communication

Business
strategy
企业策略

强化技术研发与创新
Strengthening technology
R&D and innovation

寻求外部合作与支持
Seek external cooperation
and support

精准市场定位与营销策略
Precise market positioning
and marketing strategy

图12-1 企业策略

在设计导入期,合理的价格策略不仅可以吸引消费者,还可以为企业创造稳定的利润流。具体来说,两者的协同作用体现在以下几个方面:第一,成本控制与价格灵活性。通过优化制造过程,企业可以降低生产成本,从而为价格策略的制定提供更多的灵活性。这意味着企业可以根据市场需求和竞争状况,灵活地调整价格,以应对不同的市场情况。第二,产品质量与价格竞争力。高质量的产品往往能够获得消费者的信任和认可,从而为企业创造更高的价值。通过优化制造过程,确保产品的质量和稳定性,企业可以在市场上设定更高的价格,获得更高的利润。第三,生产效率与市场反应速度。高效的制造策略可以提高生产效率,缩短产品上市时间。这意味着企业可以更快地响应市场需求,抓住市场机遇。而快速的市场反应速度又可以为企业赢得更多的消费者和市场份额,从而进一步提高企业的盈利能力。

企业应投入更多的资源和精力,优化制造过程,提高生产效率和产品质量。通过引入先进的生产技术和设备,建立严格的质量控制体系,确保产品的质量和稳定性。其一,加强制造与价格策略的协同。企业应确保制造策略和价格策略之间的协同作用,以实现成本控制、产品质量保证和生产效率提升等多重目标。通过加强内部沟通和协作,确保两个策略之间的顺畅衔接和有效配合。其二,持续创新与改进。企业应不断关注市场变化和消费者需求的变化,持续创新和改进制造和价格策略。通过引入新技术、开发新产品、调整价格等方式,保持企业的竞争力和市场地位。通过优化制造过程、制定合理的价格策略并加强两者之间的协同作用,企业可以建立起自己的市场地位和品牌形象,为未来的发展奠定坚实的基础。同时,企业还需要持续创新和改进,以适应不断变化的市场环境和消费者需求。

特斯拉在其电动汽车的导入期,就非常注重制造和价格策略的选择。首先,特斯拉采用了先进的生产技术和设备,实现了高效的生产和严格的质量控制(图12-2)。这使得特斯拉的产品在市场上具有很高的竞争力,赢得了消费者的信任和认可。在价格策略方面,特斯拉采用了高价策略。由于产品的高质量和创新性,消费者愿意支付更高的价格来购买特斯拉的电动汽车。这种高价策略不仅为特斯拉创造了稳定的利润流,还进一步提升了其品牌形象和市场地位。

与特斯拉不同,小米在其智能手机产品的导入期,采用了低价策略。这种低价策略使得小米的产品在市场上具有很高的性价比,吸引了大量消费者。同时,小米也非常注重产品的制造质量。通过引入先进的生产技术和严格的质量控制体系,小米确保了产品的稳定性和可靠性。这种高质量的产品和低价策略的组合,使得小米在市场上迅速崛起,成为全球知名的智能手机品牌。

尽管制造和价格策略在企业设计导入期中具有重要的作用,但企业在实施

图12-2　企业高效的生产与质量监控

过程中也面临着一些风险和挑战。其一,企业的产品往往处于技术的前沿,因此可能面临技术不稳定、生产难度大等问题。这可能导致生产延误、成本增加和质量问题,从而影响企业的市场竞争力。其二,导入期市场的反应往往较为谨慎,消费者对新产品的接受度较低。如果企业未能准确判断市场需求和竞争态势,可能面临销售不畅、库存积压等问题。其三,企业可能面临来自竞争对手的价格竞争压力。如果企业无法制定合理的价格策略或未能及时调整价格以应对竞争压力,可能导致市场份额的流失。

企业应持续投入研发资源,提高产品的技术稳定性和生产效率。通过不断的技术创新和优化,降低生产成本并提高产品质量。第一,深入了解市场需求。企业应通过市场调研和消费者反馈等方式,深入了解市场需求和竞争态势。根据市场需求的变化及时调整产品设计和价格策略,确保产品与市场需求的匹配度。第二,灵活应对价格竞争。企业应建立灵活的价格调整机制,根据市场竞争状况及时调整价格策略。同时,通过提高产品附加值和服务质量等方式,增强产品的竞争力。企业设计导入期的制造与价格主导策略对于企业的成功至关重要。第三,通过优化制造过程、制定合理的价格策略并加强两者之间的协同作用,企业可以在市场上建立起自己的地位和品牌形象。然而,在实施过程中企业也面临着技术风险、市场风险和价格竞争压力等挑战。因此,企业需要持续投入研发资源、深入了解市场需求并灵活应对价格竞争以应对这些挑战。

大信首先通过深度调研,了解消费者的真实需求、户型和生活方式。基于这些调研结果,他们设计了20多个风格各异、覆盖不同家庭结构的1:1实景样板间。这种深度调研和精准定位的方式,确保了大信的产品能够紧密贴合市场需求,为后续的制造和定价策略提供了坚实的基础。同时,大信采用大师级设计,但并未让消费者承担高昂的设计费用。他们通过重新建模、自主研发设计软件"鸿逸",将设计解构为可组合的模块,从而满足不同消费者的个性化需求。通过自主研发的工业软件"鸿逸"和智能生产系统"易简",实现了制造的智能化和规模化。这不仅提高了生产效率,还大大降低了生产成本。此外,大信还通过提高用材率和降低差错率,进一步节省了成本。这些成本控制措施使得大信家居能够以超低的价格提供高质量的产品。这些策略不仅提高了大信的市场竞争力,还为消费者带来了更高质量的产品和服务。

12.2 企业设计认知期: 品质与品牌主导

CORPORATE DESIGN AWARENESS PERIOD: QUALITY AND BRAND DOMINANCE

　　90年代末,当时的中国经济已经从80年代初以仿制和引进为主的"无设计"状态中,开始认识到工业设计的重要性,并转向自主品牌的诞生和壮大。尤其是家电制造业的繁荣,记录了那个阶段中国工业设计的发展和变迁。这一时期,各地政府、企业开始探索工业设计在中国经济和制造发展中的作用,通过在国际间的广泛交流,了解发达国家工业设计发展的道路。一些企业已经率先认识到了工业设计为企业带来提升生产工艺与质量和输出品牌效应的双重价值。

　　产品通常能展示一个公司的形象,因此,产品的设计文化对于企业价值的形成也有显著作用。此外,企业的文化对于产品的设计一样起着重要作用。企业的文化是由市场所赋予的,严格意义上来说是由消费者所决定的,也就是企业在消费者心目中所树立的形象。据日本的相关调查显示,在开发差异化产品、国际名牌产品、提高附加值和提高市场占有率等方面,工业设计的作用占到70%以上。但是,对于设计的投资往往不是一个短期和片面行为,不是对于技术的快速包装,也不是对于营销的再一轮投资。设计成败已不是仅由传统意义的"技术驱动型"模式,以技术的高低来决定,而是靠对用户生活方式演进中的"潜在需求"的研究、导出"新概念",这就是"设计驱动型"的"需求创新"定位在先的开发模式。然后再组织原理、技术、工艺等的应用试验,再推进到"产品化"、"商品化"阶段。在企业内部掀起系统性革命的同时,工业设计引领并支持企业完成全球化下的本土化设计、创新、制造,为企业发展注入时尚前沿的创新理念,囊括企业文化、品牌塑造、产品形象、推广策划及用户体验等方面。

　　企业设计认知期阶段,品质与品牌成为主导企业成功与否的关键因素。在企业设计认知期,品质不仅是企业赢得消费者信任的基础,更是企业建立市场地位的关键。优质的产品能够提升消费者满意度,形成口碑传播,从而为企业带来更多的客户和市场份额。品牌建设的核心在于品质和信誉的积累,只有不断追求卓越品质,才能建立起强大的品牌影响力。在追求品质的同时,企业也需要考虑成本效益。过高的品质要求可能导致生产成本的增加,进而影响企业的市场竞争力。因此,企业需要在保证产品品质的基础上,寻求品质与成本之间的最佳平衡点。品质是中国制造的生命线,只有不断提升品质,才能实现从制造大国向制造强国的转变。

要打造一个成功的品牌,企业需要明确自己的品牌在市场中的定位,包括目标消费者、产品特点、竞争优势等。通过独特的设计、标志、口号等视觉和听觉元素,塑造出独特的品牌形象,使消费者能够轻松识别并记住品牌。企业需要确保消费者在不同渠道、不同场合下都能获得一致的品牌体验,从而增强品牌的稳定性和可信度。通过广告、公关活动、社交媒体等多种渠道,持续地向消费者传递品牌价值和理念,提高品牌的知名度和美誉度。因此,企业需要注重与消费者建立情感联系,通过优质的产品和服务满足消费者的需求,赢得消费者的信任和忠诚。

在企业设计认知期,品质与品牌主导策略的实施过程中可能会面临一些挑战。例如,市场竞争的加剧、消费者需求的多样化、技术创新的快速发展等。为了应对这些挑战,企业需要采取以下策略(图12-3):第一,持续创新。不断研发新产品、新技术和新服务,满足消费者的多样化需求,保持市场领先地位。第二,强化市场研究。深入了解消费者需求和市场趋势,为品质提升和品牌建设提供有力支持。第三,优化供应链管理。与供应商建立长期合作关系,确保原材料的质量和稳定性,为产品品质提供保障。第四,加强品牌传播。通过多元化的传播渠道和方式,提高品牌的知名度和美誉度,增强品牌影响力。

产品创新是提升品质的关键。企业需要加大研发投入,不断推出具有竞争力的新产品。通过引入新技术、新材料和新工艺,提高产品的技术含量和附加

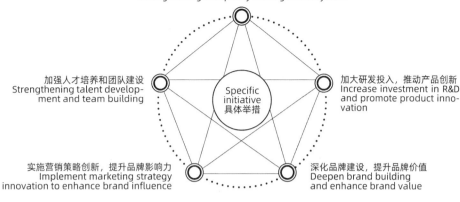

強化质量管理体系建设
Strengthening the quality management system

加强人才培养和团队建设
Strengthening talent development and team building

Specific initiative
具体举措

加大研发投入，推动产品创新
Increase investment in R&D and promote product innovation

实施营销策略创新，提升品牌影响力
Implement marketing strategy innovation to enhance brand influence

深化品牌建设，提升品牌价值
Deepen brand building and enhance brand value

图12-3　企业提升品牌与品质的具体举措

值，使企业在市场上保持领先地位。同时，企业还应关注消费者需求的变化，及时调整产品设计和功能，满足消费者的个性化需求。

品牌建设是一个长期的过程，需要企业持续投入和努力。首先，企业需要明确自己的品牌定位和目标消费者群体，以便在市场中形成独特的竞争优势。其次，企业需要通过多种渠道和方式传播品牌理念和价值观，提高品牌知名度和美誉度。此外，企业还应关注与消费者的互动和沟通，建立稳定的客户关系，提升品牌忠诚度。例如，华为在其设计认知期就始终坚持高品质的产品设计和用户体验至上的原则。通过不断创新和完善产品线，成功塑造了高端、时尚的品牌形象，赢得了全球消费者的信任和忠诚。华为在面临国际市场竞争压力的情况下，坚持技术创新和品质提升，通过持续的品牌建设和传播活动，逐渐提升了在全球市场的影响力和竞争力。案例表明，品质与品牌主导策略在企业设计认知期中具有至关重要的作用。只有通过不断提高产品品质、加强品牌建设并不断创新营销策略，企业才能在激烈的市场竞争中脱颖而出并取得成功。

大信凭借其深厚的设计底蕴和品质追求，在家居市场中占据了一席之地。大信始终坚持以消费者为中心，通过高品质的产品和贴心的服务，为消费者创造美好的家居生活体验。

第一，精益求精的工艺。大信注重产品的每一个细节，从原材料的选择到生产工艺的把控，都力求做到精益求精。他们采用高品质的原材料，结合先进的生产工艺，确保每一件产品都经得起时间的考验。

第二,严格的质量控制体系。大信建立了完善的质量控制体系,从产品的设计、生产到销售,每一个环节都进行严格的监控和检测。他们拥有一支专业的质检团队,对每一件产品进行严格把关,确保产品的品质达到最高标准。

　　第三,持续的创新与研发。为了满足消费者日益多样化的需求,大信家居不断投入研发和创新。他们通过引入新技术、新材料和新工艺,不断推出具有竞争力的新产品,为消费者提供更多选择和更好的使用体验。

　　大信以"设计生活,品质家居"为品牌定位,强调产品的设计感和品质感。通过独特的设计理念和创新的产品风格,塑造出独特的品牌形象。在大信的发展过程中,品质与品牌之间形成了紧密的协同关系。高品质的产品为大信赢得了消费者的信任和忠诚,为品牌建设提供了有力支持;而强大的品牌则进一步提升了产品的附加值和市场竞争力,推动品质的不断提升和改进。这种协同作用使得大信在市场上保持了持续的发展动力和竞争优势。

　　通过对企业设计认知期品质与品牌主导策略的研究和分析得出以下结论:第一,品质是企业设计认知期的立身之本,品牌是企业认知期的差异化利器。在实施品质与品牌主导策略时,企业需要强化质量管理体系建设、加大研发投入、深化品牌建设、实施营销策略创新并加强人才培养和团队建设。第二,企业还需要关注技术创新与应用、消费者需求变化、品牌国际化发展以及可持续发展与环境保护等未来挑战。只有不断创新和优化品质与品牌策略,企业才能在激烈的市场竞争中脱颖而出并取得成功。

12.3 企业设计发展期：制造与创造主导

CORPORATE DESIGN DEVELOPMENT PERIOD: MANUFACTURING AND CREATION

进入21世纪后，随着中国加入WTO和全球化进程的加快，本土制造业企业为了与有着优良设计、技术和品质的外国产品竞争，开始将工业设计纳入中长期发展规划与战略中，纷纷设立设计中心，或将工业设计从原来的企业技术中心独立出来。另一方面，技术型企业通过科技创新为产品注入竞争力的同时，也强化了对工业设计衔接和协助技术成果转化的依赖。与此同时，国家对工业设计的重视和在政策上的引导与支持，深圳、无锡等各地涌现出一批工业设计园区，加速产业集聚，助推"中国制造"开始向"中国智造"转变。

在企业设计的发展期，智造与创造成为了主导力量（图12-4）。这一时期，企业不仅仅满足于产品的品质与品牌塑造，更着眼于通过智能化制造和持续创新，推动企业的转型升级，实现跨越式发展。智能制造不仅是一场技术革命，更是对传统制造模式的深刻变革，它将引领工业制造进入全新的发展阶段。

第四次工业革命的深入推进，智造成为了制造业的核心竞争力。在此背景下，企业设计发展期需要积极拥抱智造，通过引入先进的制造技术、信息化手段和智能设备，实现生产过程的自动化、数字化和智能化。在智造时代，创新是推动社会进步的核心动力，只有不断创新，才能在激烈的市场竞争中立于不败之地。智造不仅能够提高生产效率和产品质量，还能够降低资源消耗和环境污染，推动企业实现可持续发展。同时，智造还能够促进企业与其他产业的深度融合，催生出新的产业生态和商业模式。数字化技术为智造提供了无限可能，它让制造业变得更加智能、高效和灵活，为未来的工业发展打开了新的大门。

智造与创造在企业设计发展期中具有深刻的内涵。它们不仅是技术的革新和升级，更是企业理念和文化的体现。从中国制造到中国智造，不仅是技术的升级，更是文化和思维的转变。只有不断创新和创造，才能在全球竞争中赢得先机。首先，工业互联网为智造革命提供了强大的基础设施，它让设备、数据和人

图 12-4　智造与创造

员实现高效连接,为制造业的创新发展注入了新的活力。其次,智造要求企业具备前瞻性的战略眼光和强大的执行力,通过技术的积累和转化,推动企业的转型升级。而创造则需要企业保持敏锐的市场洞察力和无限的创意思维,通过不断的尝试和探索,引领行业的发展方向。

在企业设计发展期,企业需要深刻理解智造与创造的内涵和价值,通过不断的创新和实践,推动企业的转型升级和可持续发展。同时,企业还需要积极应对外部环境的挑战和变化,保持敏锐的市场洞察力和强大的适应能力,以实现长期成功和持续发展。智造技术的应用使得产品设计更加精细、高效和灵活。通过引入先进的 CAD、CAM、CAE 等设计软件和技术,企业能够实现对产品设计的全面优化和精确控制。这不仅提高了产品设计的效率和质量,还使得产品更加符合市场需求和消费者期望。

创造力是企业品牌塑造的核心。通过独特的设计理念、创新的产品功能和个性化的品牌形象,企业能够在激烈的市场竞争中脱颖而出。创造力不仅能够吸引消费者的关注,还能够提升品牌的认知度和美誉度,为企业的长期发展奠定坚实基础。企业需要不断挖掘和激发自身的创造力,通过设计创新、服务创新和管理创新等方式，为消费者提供更加优质、个性化的产品和服务。同时，还需要加强与其他企业和机构的合作与交流，共同推动行业的创新和发展。

　　企业需要深刻理解智造与创造的内涵和价值，加强技术研发和人才培养，密切关注市场动态和消费者需求，积极寻求合作机遇和应对挑战。同时，还需要保持敏锐的市场洞察力和无限的创造力，不断推动企业的转型升级和可持续发展。例如，娃哈哈从其成立之初到现在的发展壮大，一直以其敏锐的市场洞察力和持续的创新能力为人称道。智造在娃哈哈的企业转型中起到了关键作用。意识到传统的生产模式已经无法满足市场的需求，娃哈哈开始引进智造技术，如自动化生产线、智能仓储系统等，以提高生产效率和产品质量。这些技术的应用不仅使得娃哈哈的生产成本大大降低，还使得其产品的质量和口感得到了极大的提升。而创造在娃哈哈的品牌塑造中则起到了决定性的作用。从最初的儿童营养液到如今的各种含乳饮料、纯净水、果汁等多元化产品，娃哈哈始终坚持通过创新来满足消费者的需求。其"跟着感觉走"的市场策略，使得娃哈哈能够准确把握市场的脉搏，不断推出符合消费者口味的新产品。同时，娃哈哈还注重品牌形象的塑造，通过广告、公益活动等方式提升品牌知名度和美誉度。

　　特斯拉其成功在很大程度上可以归结为对智造和创新的卓越运用。特斯拉通过融合高科技、智能制造和可持续发展理念，彻底改变了传统汽车行业的格局。特斯拉的工厂是智造技术的典范。其位于美国加利福尼亚州的弗里蒙特工厂采用了高度自动化的生产线，减少了对人力的依赖，提高了生产效率。此外，特斯拉还引入了机器人、传感器和数据分析等先进技术，实现了生产过程的智能化和精准控制。这种智造模式不仅提高了产品质量，还降低了成本，为特斯拉的快速扩张和市场竞争力提供了坚实基础。其独特的电池技术和高效的驱动系统使得电动汽车的续航里程和性能得到了显著提升。同时，特斯拉还在自动驾驶技术方面取得了重大突破,通过不断的技术迭代和优化,为未来的智能交通和自动驾驶提供了可能。综合以上,特斯拉的成功在于将智造和创新紧密结合。通过引入先进的智造技术,特斯拉实现了生产过程的智能化和高效化,为创新提供了强大的支持。同时,特斯拉不断投入研发,推动电动汽车技术的创新和突破。这种智造与创新的融合使得特斯拉能够在激烈的市场竞争中保持领先地位。未来,特斯拉将继续加强智造和创新的投入,推动电动汽车技术的进一步突破。同时,特斯拉还将积极探索新能源、储能等领域,为实现全球碳中和目标贡献力量。

大信在智造方面的突破是其成功的关键之一。公司发明了"易简"大规模个性化定制模式,这一模式结合了先进的制造技术和设计理念,实现了高效、精准的家居产品定制。这不仅提高了生产效率,还为消费者提供了更多样化、个性化的家居选择。大信因此被评定为国家智能制造试点示范项目、国家服务型制造示范企业、国家级工业设计中心和国家高新技术企业。在创新方面,大信注重设计研发,拥有强大的设计团队和先进的设计理念。通过与国内外知名设计师的合作,大信家居不断推出新颖、时尚的家居产品,满足了消费者对美学和舒适性的追求。此外,公司还积极参与国内外家居设计大赛,展示自己的创新实力和行业影响力。

12.4 企业设计转型期：服务共创与以人为本主导

ENTERPRISE DESIGN IN TRANSITION: SERVICE CO-CREATION
AND HUMAN-CENTERED LEADERSHIP

我国工业设计发展步入快车道。一是产业规模持续壮大。越来越多的制造业企业设立了独立的设计中心，415家国家级工业设计中心和4000余家省级中心脱颖而出，全国工业设计类企业超万家。二是制造业设计能力稳步提升。一批重大装备和产品设计达到或接近国际先进水平，C919飞机驾驶舱、潍柴商用车动力总成等39项成果获中国优秀工业设计奖金奖。设计与制造业融合的广度和深度不断拓展，已从消费品向装备制造、电子信息相关行业领域拓展深化，全面助推制造业转型升级、提质增效。三是区域布局日趋优化。长三角、珠三角、环渤海和成渝经济区等地区工业设计实现了快速发展，一大批工业设计类园区加快建设。

近年来，优秀设计企业和创新设计成果不断涌现。海尔、小米、华为、格力、美的等行业龙头企业纷纷在海外设立了设计中心，浪尖、嘉兰图、洛可可等一批专业设计公司已具备一定国际竞争力。工业设计在企业开发满足市场需求的新产品、提高产品附加值、推动所在行业技术升级、提升创新主体的专业化程度等方面具有重要意义。

设计互联与设计文化蓬勃发展的时期，是数字化技术驱动商业模式创新和产业生态重构的重要历史时期，也是要求工业设计成为驱动制造业转型升级和高质量发展的核心动力这一重要角色的新时期。此时，中国已经从世界上最大的制造国转变为最大的消费国，工业设计的重心从产品转向消费者，强调产品的服务属性和用户体验，强调品牌价值的传递，强调工业设计的智能化和软硬件结合。尤其是在经济社会发展和公共服务领域，移动化场景的社区、旅游、医疗服务正在兴起，相关产品创新和模式创新充分体现了大数据与设计的结合。浪尖等优秀的工业设计企业，继续深挖设计价值的创造。

工业设计包含了一切使用现代化手段进行生产和服务的设计过程，并已上升成为对人类生活进行全面规划的设计思维体系。工业设计可以构思建立切实可行的实施方案,并且用明确的手段表现表达出来。工业设计将创新、技术、商业、研究及人员紧密联系在一起,共同进行创造性活动,并将高度的工业化成果作为其建立更好的产品、系统、服务、体验或网络化的机会,提供新的价值并推动社会在经济、环境、伦理及文化方面的进步。

工业设计已经成为国家经济发展的软实力,通过工业设计可以实现对各种技术资源、人力资源、文化资源、物质资源的高效整合,是实现制造业产业升级的必然路径。工业设计既是制造业产业升级的引领者,同时也是产业升级的驱动器。在这一转型期中,服务共创与以人为本的理念逐渐成为主导,它们不仅是企业应对外部挑战的战略选择,更是其内在发展逻辑的必然结果。服务共创不仅是一种商业模式,更是一种以人为本的哲学,它强调企业与顾客之间的合作与共创,实现价值的最大化。

服务共创是企业与用户共同参与、共同创造价值的过程。在这一理念下,企业不再是单一的价值创造者,而是与用户携手,共同构建命运共同体。通过深度互动、合作创新,企业能够更准确地把握用户需求,提供更为精准、个性化的服务。服务设计的核心在于以人为本,通过深入了解用户需求,提供贴心、便捷的服务体验,满足用户的深层次需求。服务共创强调企业与用户之间的双向互动与协作。在这种模式下,用户不再是简单的服务接受者,而是成为服务创新的重要参与者。企业通过平台化、网络化等方式,为用户提供参与产品设计、开发、改进的机会,从而激发用户的创造力和参与热情。这种共创过程不仅增强了用户的归属感和忠诚度,也为企业带来了源源不断的创新动力。在共创服务价值的过程中,企业与顾客是相互依赖、相互成就的伙伴,共同推动着服务价值的不断提升(图12-5)。

图12-5　服务共创与以人为本的案例

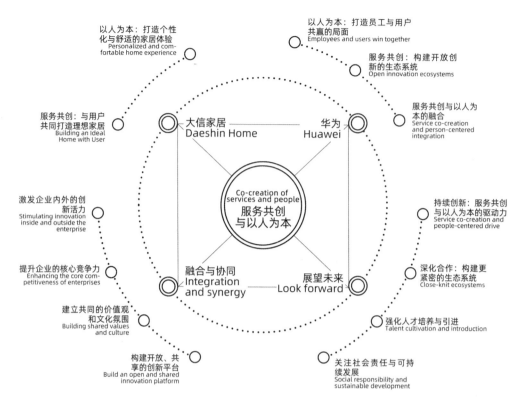

以人为本：打造个性化与舒适的家居体验
Personalized and comfortable home experience

以人为本：打造员工与用户共赢的局面
Employees and users win together

服务共创：构建开放创新的生态系统
Open innovation ecosystems

服务共创：与用户共同打造理想家居
Building an Ideal Home with User

服务共创与以人为本的融合
Service co-creation and person-centered integration

激发企业内外的创新活力
Stimulating innovation inside and outside the enterprise

持续创新：服务共创与以人为本的驱动力
Service co-creation and people-centered drive

提升企业的核心竞争力
Enhancing the core competitiveness of enterprises

深化合作：构建更紧密的生态系统
Close-knit ecosystems

建立共同的价值观和文化氛围
Building shared values and culture

强化人才培养与引进
Talent cultivation and introduction

构建开放、共享的创新平台
Build an open and shared innovation platform

关注社会责任与可持续发展
Social responsibility and sustainable development

大信家居 Daeshin Home

华为 Huawei

Co-creation of services and people
服务共创与以人为本

融合与协同 Integration and synergy

展望未来 Look forward

图12-6　服务共创与以人为本

　　以人为本是企业转型期的重要战略导向，它强调企业在发展过程中要始终关注人的需求和发展（图12-6）。通过将员工和用户置于企业发展的核心位置，企业能够更好地激发内部活力、提升品牌影响力。以人为本不仅是服务业的核心价值观，也是企业持续发展的基石。只有真正关注员工和顾客的需求，才能创造出卓越的服务体验。服务共创的艺术在于如何激发每个参与者的潜能和创造力，实现企业与顾客之间的深度互动和协同创造。以人为本的服务创新是企业持续竞争力的源泉，它要求企业在服务设计、实施和评价中始终以人的需求和体验为出发点和落脚点。

　　华为在企业设计转型期中坚持服务共创与以人为本的主导理念。华为始终坚持以客户为中心，与用户、合作伙伴及整个产业链共同创造价值。通过提供技术平台、开放API接口等方式，吸引开发者、合作伙伴和用户共同参与到产品和服务的创新中来。华为始终坚持"以客户为中心，以奋斗者为本"的核心价值观。通过深入了解用户需求，提供高品质的产品和服务，赢得了用户的信任和忠诚。例如，在产品开发过程中，华为鼓励员工与用户直接互动，收集用户的反馈和建议。这些宝贵的意见被直接纳入产品改进和创新中,使得产品更加贴近用户需求,也积极邀请用户参与到产品的测试和评估中来,让用户成为产品改进的合作伙伴。

　　大信始终坚持"以人为本"的设计理念和服务共创的策略。第一,在产品设计上,大信注重人体工程学和人体健康,追求产品的舒适性和实用性。例如,其沙发设计注重坐垫的支撑性和回弹性,确保长时间坐卧的舒适性;床具则注重床垫的透气性和贴合度,为消费者带来健康的睡眠体验。第二,注重个性化设计,满足不同消费者的审美需求。提供丰富的定制服务,消费者可以根据喜好定制家具,打造独一无二的家居空间。第三,重视与用户的互动和合作,定期举办家居设计大赛和用户体验分享会,邀请用户参与设计方案的投票和讨论,收集用户的意见和建议。这些反馈被广泛应用于产品设计和改进中,使得产品更加贴近用户需求。第四,提供一站式的家居设计服务,为消费者提供专业的设计建议和解决方案。设计师团队会深入了解消费者的生活习惯和需求,提供个性化的家居设计方案,让消费者在购物过程中享受到专业的指导和帮助,成功打造出了个性化、舒适的家居体验。

参考文献：

［1］ 周晓光. (2022). 智能制造：未来工业的创新与突破. 电子工业出版社.

［2］ 赵亮. (2021). 创新的力量：智造时代的创造与突破. 机械工业出版社.

［3］ 王建国. (2023). 智造未来：数字化时代的制造业转型. 经济管理出版社.

［4］ 刘瑾. (2022). 创造的力量：从中国制造到中国智造. 中国人民大学出版社.

［5］ 陈明华. (2023). 智造革命：工业互联网时代的创新之路. 中信出版社.

［6］ 李明. (2021). 制造业的竞争优势：价格与质量的双重战略. 经济管理出版社.

［7］ 王刚. (2019). 价格主导战略：企业市场竞争的利器. 中国人民大学出版社.

［8］ 张华. (2020). 全球价值链下的制造业升级与价格策略. 上海财经大学出版社.

［9］ 陈明. (2022). 品质为王：打造卓越品牌的秘诀. 中信出版社.

［10］ 李伟. (2021). 品牌建设与管理：品质与品牌的双重驱动. 机械工业出版社.

［11］ 刘洋. (2023). 品质革命：中国制造的转型升级之路. 经济科学出版社.

［12］ 张晓峰. (2023). 服务共创：以人为本的新商业模式. 中国人民大学出版社.

［13］ 李伟. (2023). 共创服务价值：企业与顾客的协同进化. 机械工业出版社.

［14］ 陈明. (2023). 以人为本：服务业的致胜之道. 中信出版社.

［15］ 周晓光. (2023). 服务共创的艺术与实践. 经济管理出版社.

［16］ 赵亮. (2022). 以人为本的服务创新. 中国人民大学出版社.

结语
——工业设计赋能企业创造力发展

APPENDIXS

本书以国家级工业设计中心为主线,重点分析第三批获批国家级工业设计中心的大信家居集团,其工业设计中心建设的机理与机制,是依据中国工业设计在企业如何发心、发力和发展作为维度,呈现一个具有深度剖析产业体系和建设维度的典型类型案例。中国企业拥有工业设计中心的作用在于驱动企业实现差异化竞争。截至2023年12月,中国进行了6批国家级工业设计中心的评定,共计415家单位获评,其中,企业工业设计中心387家,工业设计企业28家,此外,省级以上工业设计中心数量共计3800多家。虽然工业设计中心数量与工业设计的相关国家政策发布量逐年递增,然而企业工业设计中心发展面临着如下现实困境。

第一,使用者对企业产品质量与品质的反馈往往发生在购买地而非生产地,这将导致用户需求与设计"脱节";第二,企业设计人才的创新能力与提升空间受限,无法投入设计"前线"工作而导致创意的"滞后性";第三,企业设计软件是连接设计与生产的关键,软件严重依靠进口会导致工业设计中心无法有效发挥创新引领作用,因此,自主软件研发能力有待提升;第四,企业内部科技创新与设计创新划分模糊,工业设计中心因服务定位与工作目标不清晰导致对企业的创新贡献值下降;第五,社会大众对企业与工厂的接触面有限,因为大众对工业设计的认知与理解参差不齐,阻碍产品设计创新与大众对企业的接纳度。

对标以上问题,大信国家级工业设计中心所具备的优势为企业提供"突围"的关键要素:第一,大信利用工业设计中心的文化博物馆群落将用户体验"前置",以文化体验"引流",将生产加工与使用情境同步提供给消费者,这种体验策略的关键在于"消除设计者与使用者之间对设计创新认知偏差",消费者更加直观了解产品的同时,设计者也实时地进行用户反馈收集,以快速迭代与优化设计;第二,根据家居设计行业特点,大信提出"最小单元"的设计模块,提供设计者与使用者的共创模式,工业设计中心作为共创实施平台,让设计者的创意最大限度发挥价值,同时用户也有机会参与设计、获得打造理想居家环境的契机;第三,大信工业设计中心自主研发的"鸿逸"智能化工业软件打通设计创新与生产加工之间的阻隔,解决了家居产品设计创新周期长、加工制作时间长、生产良率低、原料成本高等痛点问题;第四,大信对工业设计中心的未来定位是文化园地与创造力园区,通过设计弘扬中华传统文化,将企业塑造成国家品牌文化输出的重要组成部分,进而塑造国家的品牌形象,展现国家文化的独特魅力,提升中国制造与中国创造的国际地位。

大信的国家级工业设计中心集设计园地、文化据点、创新基地、数字企业和家居卖场于一体,通过中心弘扬中国传统文化、重视自主软硬件研发,探索以"家文化"为主题的中国生活方式"古往今来",成为践行"中国方案",激活地域创造力经济的优秀典例。大信以国家级工业设计中心为载体,以文化园地和创造力园区为设计研发原动力,将企业硬实力——智能制造、企业软实力——文化传承在中心凝聚,稳步践行国家品牌战略的目标规划。本书基于大信的发展战略成功经验总结,但更宏观的价值在于引领中国企业走出工厂模式对企业发展带来的限制,因此,将中国企业发展划分为三个阶段,即工业工厂、智能企业和人文企业,所谓工业工程的核心是技术与工艺等条件提升引发的生产效率提升,这一时期的特征在于人与机器的高密度配合来确保各项工作顺利履行;而智能企业的转型使人力获得最大限度的解放,摆脱人为因素对生产的制约,智能化的生产模式更高层级确保了生产的效率与精度,让产品更具品质感;到了人文企业的阶段,企业并没有简单聚焦与延续智能化阶段的生产成果,而是更加注重社会人文价值和生态环境价值:其要求工业生产必须尊重和保护地球生态,将工人的利益置于生产过程的中心位置,进而使工业可以实现就业和增长以外的社会目标，成为社会稳定和繁荣的基石。从第二阶段到第三阶段的转型不仅需要正向设计创新和技术自主研发所塑造的企业硬实力，同样重要的是企业的人文力量，让不同部门感受到自己的价值备受尊重，只有让每一股力量得以团结并达成共识，企业的凝聚力和向心力才能在企业不断优化转型升维的战略进程中发挥出真正的效用。

如今，越来越多的中国企业关注、考察和学习大信，不仅是基于大信创新性的用户体验模式与用户生态建设策略，而更具价值的是大信自觉地肩负促进国家文化自信的社会责任。企业的社会责任具体可以划分为四个部分：第一，慈善责任。企业投入人力物力资源参与社会资助与救助行动，发挥积极社会影响力；第二，伦理责任。企业建立自身道德准则，从社会伦理等方面约束对利益相关者的损害；第三，法律责任。企业执行内部运营严格遵循相关法律条例与规则；第四，经济责任。创造利润增长途径并激活企业经济活力。在分析中国企业发展战略进程中，企业的社会责任产生一个新的维度，即促进社会文化自觉与文化自强。庞学元董事长解释："大信的品牌宣言是'真、善、美'，也是人类美好生活的再现，其中，'真'是用信用满足顾客需求；'善'是用信念奉献高质量和高品质的产品；'美'是用信心为用户创造美好生活。"

根据大信品牌宣言将中国企业实施'与仁为伴'细化为四个目标：第一，企业文化与民族文化融合与传承；第二，企业社会道德责任；第三，企业环境资源保护与可持续策略；第四，行业引领与塑造国家品牌形象。

综上所述，本书通过系统描述、呈现以大信为主的中国具有行业示范意义的企业，分析其工业设计建设方略，真实而客观地呈现当代中国工业设计企业在国家政策的号召下大胆规划、大力建设和大行其道的优秀事例，探索和凝聚出具有时代特色的设计跨文化建设模型，为设计作为赋能新质生产力的有力支撑而贡献研究典型。

本书是以当代中国工业设计发展最为活跃的企业设计生态和发展机制为考察对象,立足新发展力和生产力如何在企业并行不悖地拓展和在社会上稳步渐次地展开,分析和考察其组织逻辑和组织效能,以此理解和认识能够根植中国社会的工业设计发展机制。

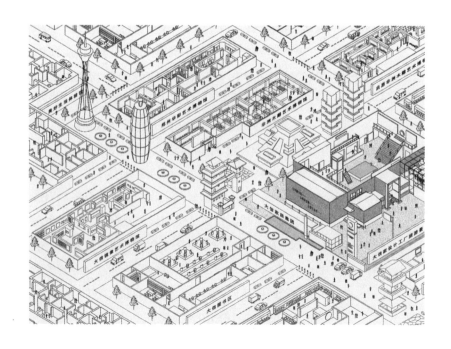